Luftfahrzeugbau und -Führung

Hand- und Lehrbücher des Gesamtgebietes

In selbständigen Bänden unter Mitwirkung von

R.Basenach †, Ingenieur, Berlin. A. Baumann, Ingenieur, Professor für Luftfahrt, Flugtechnik und Kraftfahrzeugbau an der Techn. Hochschule Stuttgart. P. Béjeuhr, Ingenieur, Assistent der Aerodynamischen Versuchsanstalt Göttingen. Dr. A. Berson, Professor, Berlin. Dr. G. von dem Borne, Professor für Luftfahrt an der Techn. Hochschule Breslau. Dr. F. Brähmer, Chemiker, Assistent a. d. Kgl. Militärtechn. Akademie Berlin. G. Christians, Dipl.-Ingenieur, Rheinau-Baden. R. Clouth, Fabrikbesitzer, Paris-Neuilly. Dr. M. Dieckmann, 1. Assistent am Physik. Institut der Techn. Hochschule München. Dr. H. Eckener, Friedrichshafen a. B. Dr. Flemming, Stabsarzt a. d. Kaiser-Wilhelms-Akademie Berlin. R. Gradenwitz, Ingenieur, Fabrikbesitzer, Berlin. J. Hofmann, Preußischer Regierungsbaumeister, Kaiserlicher Reg.-Rat a. D., Genf. Dr. W. Kutta, Professor a. d. Techn. Hochschule Aachen. Dr. F. Linke, Dozent für Meteorologie u. Geophysik am Physikal. Verein u. d. Akademie Frankfurt a. M. Professor an der Universität Berlin. Dr. A. Meyer, Assessor, Frankfurt a. M. St. v. Nieber, Exzellenz, Generalleutnant z. D., Berlin. Dr. ing. E. Roch, Dipl.-Ingenieur, Berlin. E. Rumpler, Ingenieur, Direktor, Berlin. O. Winkler, Oberingenieur, Berlin u. a.

herausgegeben von

Georg Paul Neumann

Hauptmann a. D.

VI. Band

München und **Berlin**

Verlag von R. Oldenbourg

1912

Luftschrauben

Leitfaden

für den

Bau und die Behandlung von Propellern

Von

Paul Béjeuhr

Ingenieur

Mit 90 Textabbildungen

München und **Berlin**

Verlag von R. Oldenbourg

1912

Druck der Königl. Universitätsdruckerei H. Stürtz A.-G., Würzburg.

Vorwort.

Das vorliegende Buch ist aus der Praxis für die Praxis
entstanden; es verzichtet von vornherein darauf, neue — und
demzufolge — bessere Theorien über die Berechnung von Luftschrauben zu bringen, es will dagegen den Leser befähigen, sich
bei allen kommenden Theorien und Abhandlungen auf diesem
Gebiet über die Nützlichkeit einer solchen sofort ein klares
Bild zu machen. Zu diesem Zwecke sind die Haupttheorien
ihrer logischen Entstehung nach zusammengefasst und die aus
ihnen abgeleiteten Rechnungsarten durch elementare Beispiele
erläutert. Der Hauptwert ist jedoch stets darauf gelegt, den
Leser zu schulen, wichtige Dinge, die für j e d e Propellertheorie
von Bedeutung bleiben, von Unwesentlichkeiten, die nur einem
b e s o n d e r e n F a l l anhaften, durch selbständige Überlegung
zu trennen, und so dem Buch auch für noch zu erwartende
Theorien Bedeutung und Wert zu erhalten.

Wenn es in der Durchführung gelungen ist, die Bedeutung der Luftschraube für den Verkehr in das rechte Licht zu
rücken gegenüber verschiedenen anderen Vorschlägen, wenn
ferner ihre Betriebsvorgänge dem Leser etwas näher gebracht,
fasslicher geworden und ihrer starren Unentwirrbarkeit (die bisher vor einer eingehenden Beschäftigung abschreckten) entkleidet
sind und wenn endlich diesem Aschenbrödel der Flugtechnik
etwas mehr Beachtung geschenkt wird, so ist hiermit der Luftfahrt — vielleicht sogar der gesamten Verkehrstechnik —
gedient!

Berlin, im Februar 1912.

Paul Béjeuhr.

Inhalt.

Seite

I. Abschnitt: Allgemeine Vorbemerkungen 1

1. Einleitung der Bewegung 1
2. Art der Bewegung 2
3. Prinzipielle Möglichkeiten des Vertriebes und Analogien . 4

II. Abschnitt: Allgemeine Grundbegriffe 8

4. Die Schraubenfläche allgemein und ihre Bewegung . . . 8
5. Bezeichnungen und Begriffe 11
6. Vergleich mit Schiffsschrauben 18

III. Abschnitt: Allgemeine Theorien. 18

7. Betrachtung der Vorgänge im Betriebe 19
8. Methoden von Rankine und Froude 22
9. Theorie des Schraubenflächenelements 27
10. Theorie des Schraubenstrahles 32
11. Einfallswinkel 33
12. Flügelform 37
13. Flügelzahl 38

IV. Abschnitt: Berechnung der Luftschrauben 39

14. Wellner 40
15. Ferber 43
16. Camus 45
17. Drzewiecki 49
18. Eberhardt 62
19. Lanchester 66
20. Vergleich der vorigen Methoden 69
21. Aufmess- und Nachrechnungsmethode 70
22. Entwurf nach dieser Methode 72

V. Abschnitt: Versuchseinrichtungen 77

   23. Ortsfeste Versuchseinrichtungen 77
   24. Fahrbare Versuchseinrichtungen 82
   25. Luftschrauben-Prüfwagen 86
   26. Ergebnisse von Luftschrauben Wettbewerben 96
   27. Vergleich der Versuchsergebnisse mit den Berechnungen . 108
   28. Versuchsergebnisse und ihr Nutzen für die Anfertigung
      geometrisch ähnlicher Schrauben 109
   29. Prüfung der Luftschraube nach Einbau in das Flugzeug . . 111

VI. Abschnitt: Herstellung der Luftschrauben 115

   30. Festigkeitsrechnung für Schrauben allgemein 116
   31. Festigkeitsrechnung nach Pröll 120
   32. Zeichnerischer Entwurf 121

VII. Abschnitt: Die Baumaterialien 124

   33. Holzschrauben allgemein 126
   34. Vorgang der Herstellung 127
   35. Fabrikation von Holzschrauben 131
   36. Metallschrauben allgemein 146
   37. Fabrikation von Metallschrauben 148
   38. Rahmen- und Fahnen-Propeller 153

VIII. Abschnitt: Anwendung der Luftschrauben 155

   39. Hubschrauben 155
   40. Treibschrauben 156
   41. Anordnung der Treibschrauben an Luftfahrzeugen . . . 160

IX. Abschnitt: Kreiselwirkung 167

X. Abschnitt: Behandlung der Luftschrauben 169

Anhang 172

   Zusammenstellung der wichtigsten Formeln 174
   Alphabetisches Namen- und Sachverzeichnis 179

I. Allgemeine Vorbemerkungen.

1. Jeder Körper hat das Bestreben, seinen einmal angenommenen Ruhe- oder Bewegungszustand unverändert beizubehalten; er widersteht demnach jeder Änderung dieses augenblicklichen Ruhe- oder Bewegungszustandes mit einer Kraft, welche in der Physik — Trägheitswiderstand — heisst. Erfahrungsgemäss ist nun dieser Trägheitswiderstand, den ein Körper der Änderung seines Bewegungszustandes entgegensetzt, proportional der Grösse: einmal der Geschwindigkeitsänderung, zweitens der Masse des Körpers. Handelt es sich um eine positive Geschwindigkeitsänderung, d. h. um eine Geschwindigkeitszunahme oder Beschleunigung, so wirkt der Trägheitswiderstand der Bewegungsrichtung entgegen; nimmt die Geschwindigkeit jedoch ab,

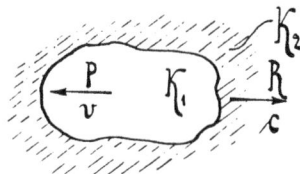

Fig. 1.

kommt also eine Verzögerung in Frage, so sucht der Trägheitswiderstand den Körper mit unverminderter Geschwindigkeit weiter zu treiben. Nun wird jede Bewegung eines beliebigen Körpers K_1 durch Ausnutzung der Trägheitskräfte eingeleitet, die dem Körper K_2 innewohnen, der als Stützpunkt für die Vortriebskräfte benutzt wird (Fig. 1). Je geringer nun die Masse dieses Körpers ist, je kleinere Massen desselben durch die Vortriebsorgane gefasst werden, desto unökonomischer wird sich der Transport gestalten. Die zum Vortrieb aufgewendete Arbeit wird dazu benutzt, dem zu bewegenden Körper K_1 eben diesen Bewegungsimpuls P zu erteilen. Gleichzeitig wird aber infolge der Reaktion auch der als Stützpunkt dienende Körper K_2 den gleichen Impuls R erhalten und es ist nun ohne weiteres verständlich, dass sich der Nutzeffekt des Vortriebs um so günstiger gestalten muss, je weniger sich die Masse des Stütz-körpers beschleunigen lässt, weil dadurch die ganze Arbeits-menge für den angetriebenen Körper frei wird.

Bei jedem Transport irgendwelcher Gegenstände wird der zur Aufnahme bestimmte B e h ä l t e r — das Gefährt — mittels einer V o r t r i e b s k r a f t über eine zur Unterstützung dienende U n t e r l a g e bewegt. Diese drei Teile sind zu jeder Bewegung notwendig, gleichgültig, ob etwa ein Arbeiter einen Kahn auf dem Wasser mittels einer Stange gegen das Ufer weiterstösst, ob ein Zug von einer Lokomotive über die Gleise geschleppt wird oder aber, ob ein Lenkballon sich mittels seiner einge-bauten Vortriebsorgane willkürlich durch die Luft bewegt. Und doch lassen diese Beispiele schon eine Reihe Verschiedenheiten erkennen!

Zunächst ergeben sich die Unterschiede der Fortbewegung: einmal i n n e r h a l b eines — natürlich nachgiebigen und zähen — Mittels, dann aber auch a n d e r G r e n z e zweier Medien; so fahren unsere üblichen Land- und Wasserfahrzeuge auf der Grenz-schicht von Luft einerseits, Wasser bzw. Festland andrerseits. Unterseeboote dagegen und Luftfahrzeuge allgemein durchqueren das betreffende Medium.

Dass sich die üblichen Verkehrsmittel wirklich auf einer Grenzschicht bewegen, kommt uns fast gar nicht mehr zum Be-wusstsein und doch zeigt schon die einfachste Nachprüfung die Wichtigkeit dieser Tatsache; setzt sich doch z. B. die Gesamt-fortbewegungsarbeit, die von den Vortriebsorganen einer normalen Zuglokomotive zu leisten ist, zusammen aus etwa 24% Reibungs-arbeit an den Schienen und fast 76%, die zur Überwindung des Luftwiderstandes nötig sind.

2. Weil es nun stets darauf ankommt, möglichst grosse Träg-heitskräfte auszulösen, so wird man bemüht sein, wenigstens im erstgenannten Fall das dichtere Medium als Stützpunkt für den Vortrieb heranzuziehen; man geht darin sogar so weit, dass man bei Wasserfahrzeugen, sofern dies durch die Verhältnisse möglich ist, die feste Erde zur Einleitung dieser Bewegung be-

nutzt (Abstossen mit Stangen, Treideln [1]) etc.). Erst wenn dies
aus irgendwelchen Gründen ausgeschlossen ist, muss das weniger
dichte Medium selbst als Stützpunkt für den Antrieb verwendet
werden. In jedem Fall ist in erster Linie für die konstruktive
Ausgestaltung des Gefährts und seiner Vortriebsorgane (abgesehen von gewissen Rücksichten, die auf die zu transportieren-
den Gegenstände genommen werden) die Art des unterstützenden
Körpers bestimmend. Nun handelt es sich hier um Körper von
ganz verschiedener Konsistenz; verlangt man nun (und das dürfte
wohl das Richtige sein) für jede Fortbewegung den gleichen
Grad von Sicherheit dieses Unterbaues gegen ein Nachgeben
— ein Einbrechen — so bedarf die gleiche Last entweder verschieden gross bemessener Auflagerflächen oder was auf dasselbe
hinauskommt, es muss eine derart schnelle Verschiebung in der
Zeiteinheit ermöglicht werden, dass auch bei kleiner Unter-
stützungsfläche noch innerhalb der zulässigen Beanspruchung
des Unterbaues geblieben wird. Allgemein bekannt dürfte sein,
dass dünne Eisflächen einen schnell gleitenden Schlittschuh-
läufer noch zu tragen vermögen, die sonst unter gleicher
Last brechen würden. Anders ausgedrückt, heisst dies: die zur
Unterstützung des betreffenden Körpers nötige Kraft muss
in allen Fällen die gleiche sein. Eine Kraft ist aber nach den
Gesetzen der Mechanik gleich der Masse multipliziert mit der
Beschleunigung, also lässt sich die Unterstützungskraft
oder der Massenwiderstand entweder dadurch hervorrufen,
dass eine grosse Masse (z. B. ein fester Unterbau) eine geringe
Beschleunigung erhält oder dass man einer geringen Masse
(z. B. allgemein den Flüssigkeiten) eine grosse Beschleunigung
erteilt. Wenn dies nur hinreichende Beachtung findet, so ist die
Art des Fortbewegens überall gleich sicher, ob nun ein Eisen-
bahnzug über den festen Gleisunterbau fährt, ob ein Schlitten
über eine dünne Eisfläche gleitet, ob ein Hydroplan mit er-
staunlich kleinen Flächen mit grosser Geschwindigkeit über das
Wasser eilt oder ob ein Flugapparat durch die noch weniger
dichte Luft fliegt. Notwendig ist jedoch ohne weiteres, dass
das Gefährt je nach dem zur Fortbewegung benutzten Unter-

---

[1] In neuester Zeit sogar mittels einer am Kanalboden liegenden
festen Schiene.   1*

bau verschieden ausgestaltet wird, wie auch die Vortriebsorgane aus demselben Grund eine durchaus voneinander abweichende Ausbildung erhalten.

3. Bei jedem nachgiebigen Medium können nun die Trägheitskräfte auf verschiedene Weise ausgelöst werden, nämlich erstens durch Erzeugung eines nach hinten gerichteten gleichförmigen Flüssigkeitsstromes, zweitens durch den Bewegungswiderstand der von einem flügelartigen Körper bei einer ruckartigen Bewegung mitgerissenen Flüssigkeit, drittens durch den Rückstoss der von einer Strahlungsquelle ausgesandten, elastischen Wellenenergie.

Bisher ist nur die erste Möglichkeit praktisch verwendet worden; den beiden anderen scheint aber auch in Zukunft wenig oder gar keine Bedeutung zuzukommen. Entgegen den vielfach vertretenen Ansichten, das Vorbild der Natur für die dynamische Luftdurchquerung in irgend einer Weise nachzuahmen, also die beschleunigte Schlagwirkung von Flügelflächen für den Vortrieb zu verwenden, kann nach dem jetzigen Stand unserer Technik, insbesondere im Hinblick auf unsere Spezial-Motorenindustrie nur die unmittelbare Ausnutzung der vom Motor erzeugten Rotation einen Erfolg versprechen. Ein ähnliches Vorbild konnte auch in der Natur schon deshalb nicht vorhanden sein, weil für sie ja stets die Notwendigkeit vorliegt, alle Einzel-Organe zu ernähren, also durch Adern und Nervenbündel mit der Zentrale zu verbinden, wodurch sich eine ständige Rotation von selbst verbietet. Uns stehen aber wieder die feinen Hilfsmittel der Natur nicht zur Verfügung; wir müssen daher bestrebt sein, alle hin- und hergehenden Massen nach Möglichkeit zu vermeiden. Für die Technik wäre es also geradezu ein Rückschritt, die konstante Rotation wieder in eine intermittierende, gleichförmig beschleunigte und verzögerte Bewegung aufzulösen.

Beim ruckweisen Flügelschlag kommt es in der Hauptsache auf die Erzeugung einer Potentialströmung an, die wohl theoretisch einwandsfrei zu beherrschen ist, bei deren experimenteller Nachprüfung jedoch dadurch grosse Schwierigkeiten entstehen, dass die Strömungswiderstände von jenen der Beschleunigung getrennt werden müssen. Wenn auch eine Erhöhung der Kraftausnutzung überhaupt kaum zu erhoffen ist, so lässt sich doch sehr wahrscheinlich der jetzt noch recht umfangreiche Vortriebsmechanismus auf einen kleineren Raumbedarf bringen, wenn es gelingt, grössere Luftmassen mit geringen Flächen zu beschleunigen.

Beim Strahlungsdruck hängt der Rückstoss im wesentlichen von der in der Sekunde ausgestrahlten Wellenenergie ab; das Verhältnis von Fahrgeschwindigkeit zu jener des Schalles bedingt den Nutzeffekt. Dieses Verhältnis wird nun stets ein sehr kleines bleiben: nehmen wir selbst eine Vorwärtsgeschwindigkeit des Luftfahrzeugs von 200 km/St. also 55,5 m/Sek. an, so würde der Wirkungsgrad $\eta = \dfrac{55,5}{333}$ doch nur etwa 16% betragen.

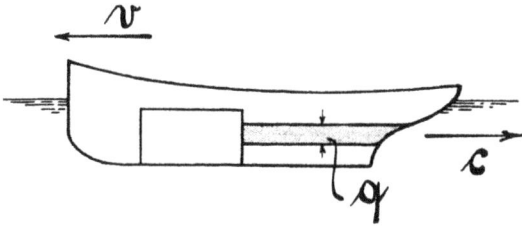

Fig. 2.

q = Querschnitt des beschleunigten Flüssigkeitsstrahles.

Wir sind daher beim Bau vom Vortriebsorganen ausschliesslich auf das erste Prinzip angewiesen. Die Reaktion rückwärts beschleunigter Flüssigkeitsmassen lässt sich nun einerseits durch hochgespannte Flüssigkeitsströme von kleinem Querschnitt und grosser Geschwindigkeit herbeiführen; dies würde die Konstruktion eines Strahlpropellers ergeben. Man könnte dies etwa in der Art erreichen, dass diese Flüssigkeitsströme im Innern des Fahrzeugs irgendwie durch Kompressoren, Pumpen oder dergl. stark beschleunigt und dann am hinteren Ende desselben ausgestossen werden; die Flüssigkeit tritt dann hinten mit der Geschwindigkeit c aus, das Fahrzeug erreicht die kleinere Vorwärtsgeschwindigkeit v (siehe Fig. 1 u. 2), wodurch ein so grosser Vortrieb entsteht, dass der sich dem Fortbewegen entgegensetzende Widerstand gerade aufgehoben wird. Nun liegt es nahe, anstatt das Fahrzeug von Anfang an mit einem grossen Vorrat von Ausstossflüssigkeit zu belasten, diese dem Medium zu entnehmen, welches der Fortbewegung als Stützmasse dient. Dies führt nun zwanglos zu einer Anordnung, wie sie Fig. 3 veranschaulicht. Am Vorderteil des Gefährts wird das betreffende Medium durch entsprechende Saugöffnungen und die anschliessende Rohrleitung den Pumpen zugeführt, die ihm dann eine Beschleunigung zuteil werden lassen, mit der es hinten wieder austritt. Solange es sich um kleine Querschnitte handelt, ist eine relativ grosse Geschwindigkeit nötig, bei welcher sich natürlich auch erhebliche Energieverluste ergeben. Wie wir vorhin gesehen haben, ist eine Kraft gleich dem Produkt aus Masse mal Geschwindig-

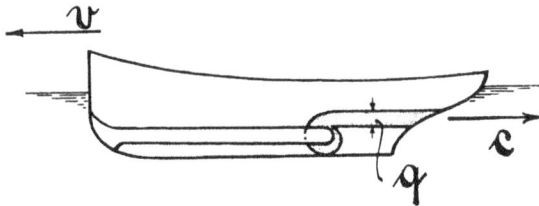

Fig. 3.

keit; eine Schubkraft P lässt sich demnach hervorbringen, wenn der Masse m die Geschwindigkeit c erteilt wird und die aufzuwendende Arbeit beträgt dann $L = m \cdot \dfrac{c^2}{2}$. Wenn nun das Vortriebsorgan so eingerichtet ist, dass es eine doppelt so grosse Masse m_1 zur Beschleunigung c_1 erfasst, so ergibt sich für die gleiche Schubkraft $P = m_1 \cdot c_1 = m \cdot c$; $m_1 = 2\,m$; $c_1 = \dfrac{c}{2}$; also ist nur eine halb so grosse Geschwindigkeit aufzuwenden; gleichzeitig sinkt die aufzuwendende Arbeit ebenfalls auf die Hälfte herab:

$$L_1 = m_1 \cdot \frac{c_1{}^2}{2} = 2\,m \cdot \frac{\left(\dfrac{c}{2}\right)^2}{2} = {}^1m \cdot \frac{c^2}{4} = \frac{L}{2}$$

Aus diesem Grunde ist es zweckmässig, einen Flüssigkeitsstrom

von grossem Querschnitt mit verhältnismässig geringer Geschwindigkeit in Bewegung zu versetzen, bei welcher Art die
Energieausnutzung infolge der viel kleineren Verluste eine
wesentlich bessere ist.

Die betreffende Pumpe kann nun in beliebiger Weise aus-
geführt werden: so liesse sich die Beschleunigung z. B. in
einem Mechanismus nach Art der Förderschnecken bewirken
(Fig. 4a); in diesem Falle wird aber offenbar an der ganzen
Anordnung nichts geändert, wenn der Hauptbestandteil dieser
Vorrichtung — die Schnecke — herausgenommen und an das
Ende des Fahrzeugs gesetzt wird, von wo aus er direkt auf das
Medium wirkt. In ähnlicher Weise könnte man bei dem uns

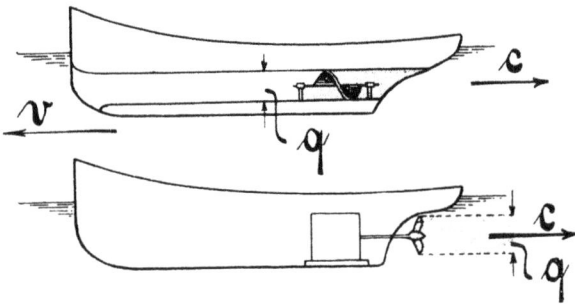

Fig. 4a und b.

hauptsächlich interessierenden Mittel „Luft" als Beschleunigungs-
vorrichtung einen Flügelradventilator vorsehen, dessen Flügelrad dann ebenfalls ohne eine Änderung der ganzen Anordnung
an das Ende des Gefährts gesetzt werden darf.

Dann ist es aber auch gleichgültig, ob das zu beschleunigende
Medium durch das Fahrzeug hindurch zum Beschleunigungs-
organ gelangt oder um dasselbe herum, wenn nur für eine gute
Zuführung der Flüssigkeit zum Flügelrad gesorgt wird. Wir
kommen auf diese Weise zum Schraubenpropeller (Fig. 4b),
dem einzigen Vortriebsorgan, das sich bis jetzt für Luftfahrzeuge bewährt hat. Dabei ist der Ausdruck „Schraubenpropeller" auch für solche Konstruktionen gebräuchlich, deren
Form keine mathematische Schraubenfläche mehr zugrunde liegt.

Die sonst — nach dem Vorbilde der Wasserschiffahrt — vorgeschlagenen Ruder- und Schaufelräder als Reaktions-propeller für Luftfahrzeuge haben sich als unbrauchbar erwiesen und werden jetzt nicht mehr verwendet. Im Folgenden sollen daher lediglich die Schraubenpropeller betrachtet werden, wenn auch die einzelnen Schlussfolgerungen ohne weiteres für jeden Reaktionspropeller gültig sind.

II. Allgemeine Grundbegriffe.

4. Eine Schraubenwindung entsteht durch Aufwickeln einer schiefen Ebene auf einen Zylinder; ein Schnitt durch diese

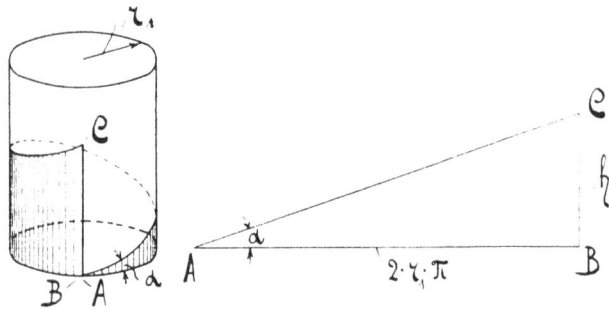

Fig. 5.

h = Steigung; α = Steigungswinkel; r_1 = Zylinder-Radius.

schiefe Ebene entspricht einem rechtwinkeligen Dreieck. Wird von diesem wieder ein Stück mit der Grundlinie gleich dem Umfang des benutzten Zylinders = $2 r_1 . \pi$ abgetrennt, so nennt man die Höhe des Dreiecks die Steigung der Schraube h, den eingeschlossenen spitzen Winkel den Steigungswinkel α. Aus der Figur 5 ergeben sich ohne weiteres die Beziehungen:

$$\operatorname{tg} \alpha = \frac{h}{2\, r_1\, \pi}.$$

Ein Punkt der schiefen Ebene, der irgendwie an einem seitlichen Verschieben verhindert wird, muss sich daher bei einer einmaligen Drehung des Zylinders in axialer Richtung genau um die Höhe h, also die Steigung gehoben haben oder aber, wenn der Punkt festgehalten, der Zylinder aber in Achsrichtung

verschiebbar ist, muss eine einmalige Drehung des Zylinders sein
Vorrücken eben um den Betrag der Steigung erzwingen. Dies
würde einer Drehung in einem unnachgiebigen Mittel (also der Bewegung eines Schraubengewindes in der Mutter) entsprechen.
Sowie nun der Punkt nicht unverrückbar festgehalten wird, sondern
etwas zurückweicht, schraubt sich der Zylinder nicht um den
vollen Betrag seiner Steigung vorwärts, sondern bleibt um einen
Bruchteil gegen diese Steigung zurück. Dieser Fall trifft auf
jede Schraubenbewegung in einem nachgiebigen Medium zu;
dieses Zurückbleiben selbst ist nun keineswegs nur als Verlust
anzusprechen, sondern es ermöglicht bei einer Benutzung der
Schraube als Vortriebsorgan gerade die Erzeugung eines nutz-
baren Schubes. Würde nämlich die Schraube derart fortbewegt,
dass sie bei jeder Umdrehung genau den Betrag ihrer Steigung
fortschreitet, so würde sie zwar dem Stützkörper keinerlei Beschleunigung erteilen, daher auch keine Energieverluste erleiden,
aber aus eben denselben Gründen könnte sie auch keinen Vortrieb ausüben, obgleich sie sich mit der grösstmöglichsten Vorwärtsgeschwindigkeit bewegt.

Gerade dieser Punkt ist von grosser Wichtigkeit, weil immer
wieder von Erfindern Versuche gemacht werden, dieses vermeint-
liche Ideal mit ihren Konstruktionen zu erreichen. Wie wir
vorhin gesehen haben, besteht die Wirkung der Schraube darin,
dass fortwährend neue Massen des Mediums erfasst werden und
ihnen mit tunlichst gleichmässiger Beschleunigung eine bestimmte
Geschwindigkeit c erteilt wird. Durch den Rückdruck des Mediums auf die Schraube wird dieser und dem mit ihr fest verbundenen Fahrzeug ebenfalls eine Geschwindigkeit und zwar v in
entgegengesetzter Richtung erteilt. Liesse sich nun die Vorwärtsgeschwindigkeit v schon dadurch hervorbringen, dass dem Medium
nur die Geschwindigkeit $c = v$ verliehen wird, so würde dies
besagen, dass die Flüssigkeit im selben Augenblick zur Ruhe
kommt, wenn ihre Berührung mit der Schraube aufhört, weil
ja das Fahrzeug und mit ihm die Schraube mit der gleichen
Geschwindigkeit vor dem Medium forteilt. Wir hätten also
vor und hinter dem Fahrzeug absolut ruhige Flüssigkeit,
durch welche lediglich das Gefährt sich hindurch bewegt. In

diesem Fall würde dann auch, von den nicht zu umgehenden Reibungsverlusten abgesehen, die gesamte in die Schraube eingeleitete Energie lediglich zur Fortbewegung des Fahrzeugs verwendet. Dies entspräche wieder dem vorerwähnten Vorgang einer Schraubenbewegung in ihrer Mutter; die Schraube müsste dann eine Steigung erhalten, die sich genau dem gewünschten Fortgang anpassen würde. Diese Art der Bewegung lässt sich aber nur solange aufrecht erhalten, als auf das Medium keinerlei Druck durch die Schraube ausgeübt wird, weil sonst natürlich der Zustand allseitiger Ruhe sofort gestört wird. Darf die Schraube aber keinen Druck ausüben, so kann sie auch keinerlei Rückdruck erhalten, also kann der Propeller auch keinen nützlichen Schub hervorbringen.

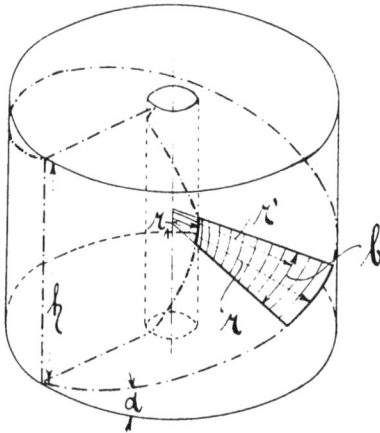

Fig. 6.

h = Steigung;   r = äusserer Radius;
α = Steigungs- r_1 = innerer   „
   winkel;   r' = beliebiger   „
b = zu r' gehörige Flügelbreite.

Um nun diesen notwendigen Triebdruck zu erhalten, muss die Schraube mit einer Steigung versehen sein, die um einen gewissen Betrag gegen die sogenannte „tote" Steigung verschieden ist; dadurch wird der Flüssigkeit eine grössere Beschleunigung erteilt, als der Vorwärtsgeschwindigkeit des Fahrzeugs entspricht; sie besitzt also, nachdem sie ausser Berührung mit der Schraube gekommen ist, noch eine gewisse absolute Geschwindigkeit, demnach auch eine bestimmte Energiemenge, die für das Gefährt nicht mehr nutzbar zu machen ist. Um diese Energiemenge muss nun der Antriebsmotor stets grösser bemessen werden, als für die Fortschreitung an sich notwendig wäre und aus diesem Grund muss der Wirkungsgrad einer Schraube stets um einige Bruchteile kleiner sein als Eins.

5. Bisher haben wir bei der Betrachtung der Schraubenwindung die Breitenausdehnung der aufgewickelten schiefen Ebene vernachlässigt; bei den in der Praxis vorkommenden Schrauben besitzt jedoch diese um den Achszylinder (Radius r_1) gewickelte schiefe Ebene eine beträchtliche Stärke; diese entspricht nämlich der Differenz von Aussenradius r vermindert um den Innenradius r_1 (Fig. 6, s. S. 10). Die einzelnen durch die schiefe Ebene gelegten Schnitte müssen natürlich dem Verhältnis

$$tg\ \alpha = \frac{h}{2r'\pi}$$ gehorchen; mit wech

selndem Radius r' muss sich daher auch der Steigungswinkel α verändern; er wird in der Nähe der Achse entsprechend grösser als am Umfang. Für Luft- und Wasserschrauben wird nun nicht die ganze auf diese Weise entstehende Schraubenfläche verwendet, sondern nur ein kleiner Teil derselben — der Schraubenflügel — von denen stets zwei, ev. aber eine grössere Zahl zu einem Propeller zusammengesetzt werden. Je nach der Anzahl derselben gelangen auch ebensoviele unter sich völlig gleiche Schraubenwindungen zur Verwendung, die nach ihrer Zahl gleichmässig über den Umfang

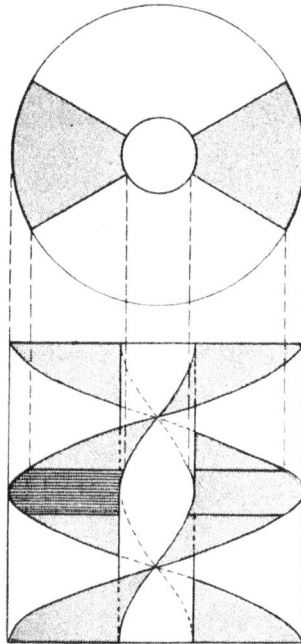

Fig. 7.
Zweiflügelige Schraube, entstanden aus 2 Schraubenwindungen.

des Zylindergrundkreises verteilt werden. Von jeder Windung wird dann in gleicher Höhe des Zylinders ein entsprechender Teil zur Flügelfläche benutzt, wie aus Fig. 7 ersichtlich.

An einer Luftschraube unterscheidet man ferner die N a b e , die fest auf die Welle gesetzt wird und gegen welche die einzelnen Flügel entweder direkt bezw. durch Vermittelung von Armen geschraubt werden, wenn nicht — was wohl der verbrei

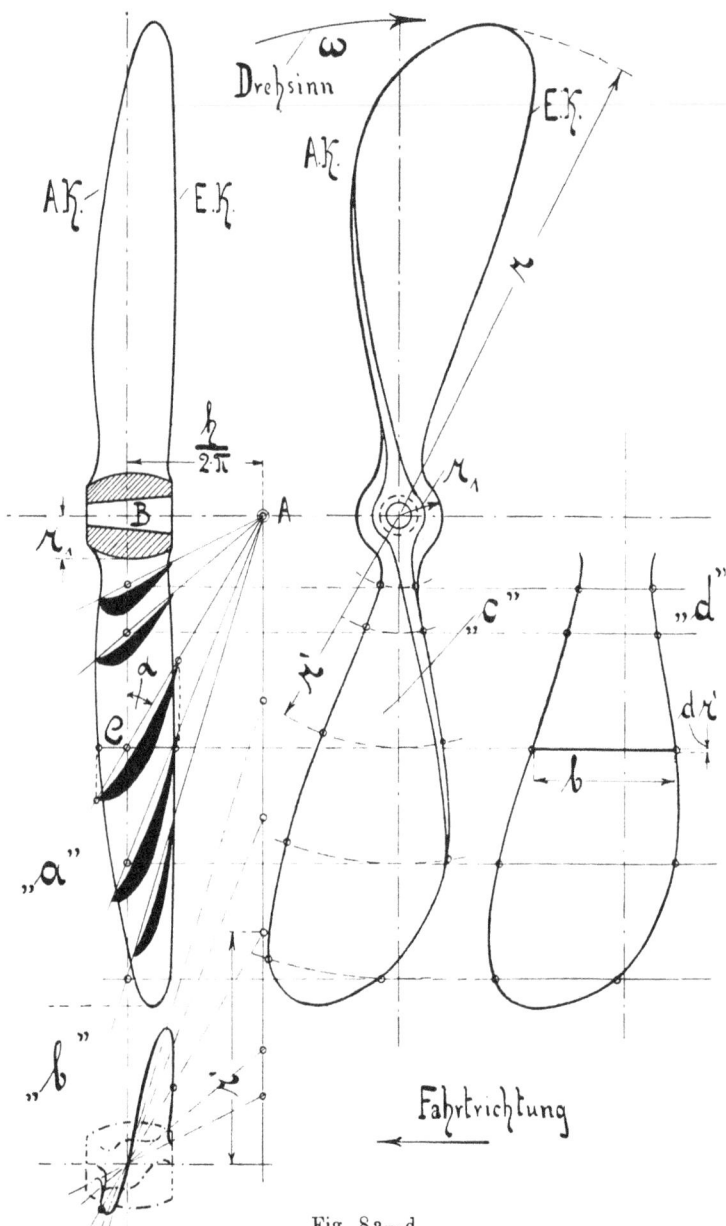

Fig. 8 a—d.

A. K. = Austretende Kante. E. K. = Eintretende oder vorgehende Kante. In 8 b bedeutet die zwischen den beiden bezeichneten Punkten der Bewegungskante liegende Strecke die zu r′ gehörige Flügelbreite b; 8 d enthält die abgewickelten Flügelbreiten der Schraubenfläche.

tetste Fall ist — Nabe und Flügel aus demselben Material durchlaufend hergestellt sind. Der Nabenhalbmesser r_1 ist für die Berücksichtigung der wirksamen Flügelfläche von Wichtigkeit; sofern Flügelblätter an besonderen Armen benutzt werden, rechnet man r_1 bis zum Beginn des Flügelblattes. Aus diesen beiden Grössen ergibt sich die Schraubenkreisfläche als die von den Flügeln bestrichene Kreisfläche $= \pi (r^2 — r^2_1)$. Siehe Fig. 8a—d, S. 12.

Die Breite des Flügels b wird stets im Abstand r' längs einer Schraubenlinie gemessen; zur bequemen Ermittelung wird grösstenteils die in eine Ebene abgewickelte Flügelfläche (Fig. 8d) gezeichnet, der dann die jeweilige Breite zu entnehmen ist. Unter der projizierten Flügelfläche (Fig. 8c), die häufig für Vergleichsrechnungen dient, versteht man die auf eine Ebene bezogene Fläche, die senkrecht zur Achse steht. Handelt es sich um gemeine Schraubenflächen, so wird noch unter der Erzeugungslinie jene Linie verstanden, die bei ihrer Bewegung längs der Propellerachse die Schraubenfläche erzeugt; sie kann sowohl senkrecht als auch geneigt zur Achse stehen. Der Drehsinn der Propeller wird stets in Fahrtrichtung gesehen angegeben und zwar heisst die Schraube rechtsgängig, wenn sie sich im Sinne des Uhrzeigers dreht, wie in Fig. 9a—d; dagegen linksgängig, wenn die Drehung im anderen Sinn erfolgt. Die in der Figur angedeuteten rechtwinkeligen Dreiecke, über die sich die einzelnen Profile aufbauen, heissen Steigungsdreiecke; sie werden den Schablonen zugrunde gelegt, nach welchen später die Anfertigung erfolgt. Die Katheten dieser Dreiecke werden gebildet einerseits von der Grösse $AB = \dfrac{h}{2\pi}$, dann von einem beliebigen Radius $BC = r'$, so dass dann die Hypothenuse AC der abgewickelten Schraubenlinie für den betreffenden Radius r' entspricht; Winkel $BCA = \alpha$ ist der Steigungswinkel am Radius r'; tg α ist dann wieder $= \dfrac{h}{2r'\pi}$.

Unter der eintretenden bzw. vorgehenden Kante versteht man, wie aus der Figur ersichtlich, die bei der Drehung zuerst das jungfräuliche Medium berührende Kante, mit aus-

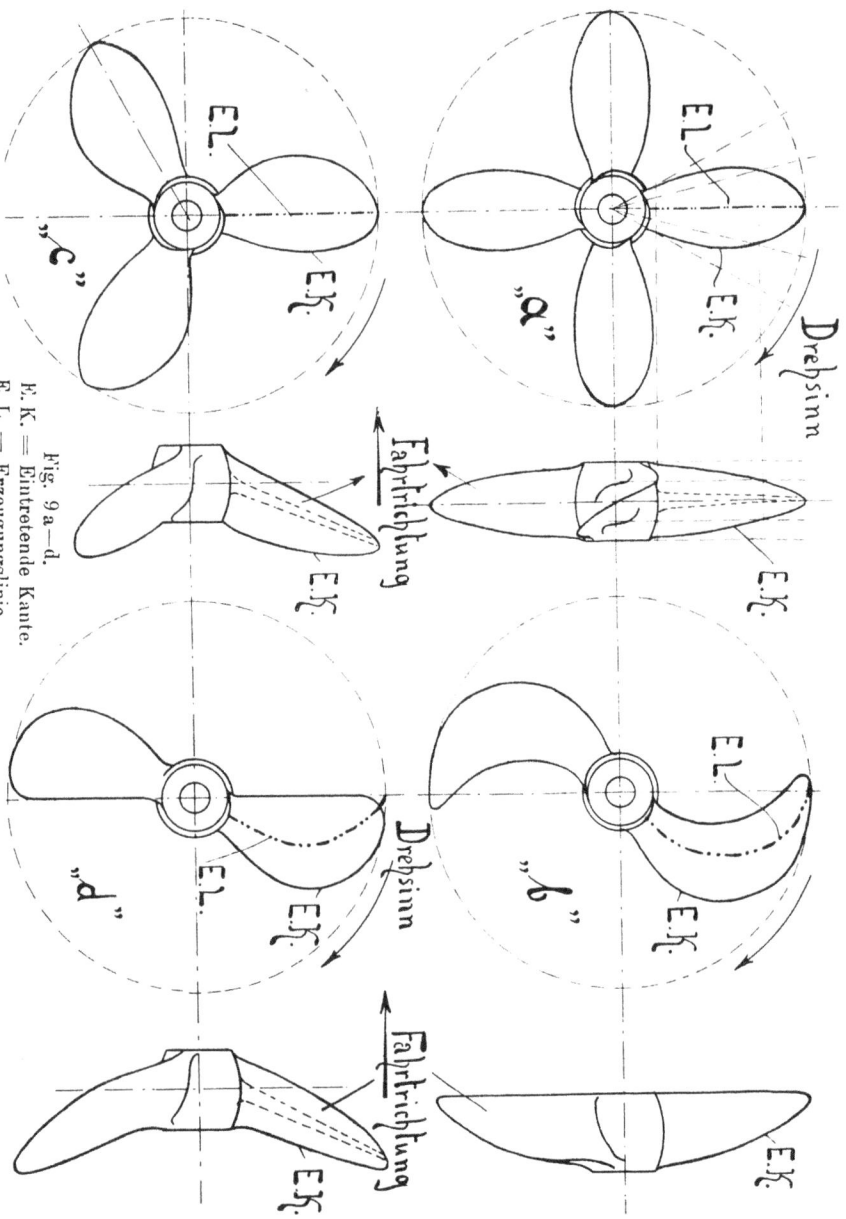

Fig. 9 a—d.
E. K. = Eintretende Kante.
E. L. = Erzeugungslinie.
Alle Schrauben rechtsgängig

tretender bezw. nacheilender Kante wird dann die andere
bezeichnet. Die dem gleichen Teil des Mediums zugewandte
Flügelseite, die also in der Beschleunigungsrichtung den Trieb-
druck ausübt, bildet die D ruckfläche des Flügels; diese
Fläche, ihre Gestaltung und Dimensionierung wird zumeist den
Berechnungen zugrunde gelegt, während die R ü c k e n - oder
S o g f l ä c h e des Propellers dadurch bestimmt wird, dass zur
Vorderseite die nötigen Wandstärken mit Rücksicht auf die
Festigkeit hinzukommen. In der Abbildung (8) ist als Druckfläche
keine mathematische Schraubenfläche gewählt, sondern für die
Flügelflächen eine bestimmte Wölbung angenommen; und zwar
so, dass die zu den einzelnen Wölbungen gehörigen Sehnen eine
mathematische Schraubenfläche bilden.

In der nächsten Abbildung 9 a—d, S. 14 sind einige der
hauptsächlichsten Ausführungsarten von S c h r a u b e n k o n -
s t a n t e r Steigung zusammengestellt, um die Unterschiede zu
erläutern. Wenngleich für Luftfahrzeuge im allgemeinen zweiflügelige Propeller verwendet werden, so sind doch auch die
anderen Arten vereinzelt gebräuchlich. Sämtliche Schrauben
sind rechtsgängig; sie erzeugen also einen Schub, der das Fahrzeug in der Pfeilrichtung fortbewegt. 9 a stellt einen vierflüge-
ligen Propeller mit symmetrischen Flügelkonturen dar; d. h. die
Linienführung der eintretenden Kante ist das Spiegelbild der
austretenden Kante. Während bei diesem Propeller die Erzeugungslinie eine Gerade ist, besitzt der Zweiflügel-Propeller 9b
als solcher eine Kurve, die aber (ebenso wie bei 9 a) senkrecht
zur Achse steht. Die Flügel-Konturen von 9 b bis d sind un-
symmetrisch. 9 c zeigt eine dreiflügelige Schraube mit gerader
Erzeugungslinie, welch letztere aber zur Achse geneigt ist, und
9 d endlich stellt eine Zweiflügelschraube mit zur Achse geneigter
und gebogener Erzeugungslinie dar. Weitere Möglichkeiten erwachsen noch aus der Verwendung einer radial veränderlichen
Steigung.

Die den einzelnen Schrauben zugrunde liegenden Erzeugungs-
linien und deren Bewegung sind in der nächsten Figur 10, s. S 16
dargestellt, die auch gleichzeitig die Herstellung gegossener Propellerflügel bzw. ihrer Gussform veranschaulicht. Um die fest

eingesetzte Mittelachse, welche der Propellerwelle entspricht, werden in bestimmtem Abstand für jeden Flügel je ein Führungsblech in Form eines rechtwinkligen Steigungsdreiecks aufgebaut, dessen obere Kante also die vorgeschriebene Schraubenlinie bildet; dann wird ein Streichblech, dessen Unterkante genau der Erzeugungslinie entspricht, mit einer Führungsbüchse auf die Welle gesetzt, so dass der Punkt A auf der Schraubenlinie gleitet. Wenn nun der kreisförmige Raum zwischen den Führungsblechen mit einer plastischen Masse (Lehm) ausgefüllt wird, so streicht das Blech diese plastische Masse genau nach der Erzeugungslinie ab und bildet so die Form für die Druckseite des Flügels. Je nachdem das Streichbrett nun gerade oder gebogen ist und seine Unterkante senkrecht oder geneigt zur Achse steht, werden die verschiedenen Flügelformen gebildet. Die in der Figur angedeuteten Streichbleche gehören zu den in Fig. 9 abgebildeten Schrauben und haben entsprechende Buchstaben.

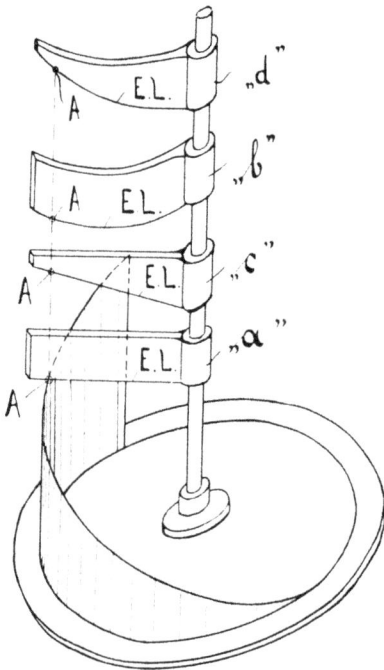

Fig. 10.

E. L. = Erzeugungslinie.

Für die nachfolgende Berechnung der Propeller kommen ausser den bisher besprochenen Bezeichnungen in Betracht: die Fahrgeschwindigkeit des mit der Schraube fest verbundenen Fahrzeuges v in m/Sek; die Umdrehungszahl des Propellers n/Minute oder seine Winkelgeschwindigkeit ω, zwischen denen die Beziehung herrscht: $\omega = \dfrac{\pi \cdot n}{30}$; der Propellerschub P in kg,

Tabelle I.

Propeller	Durchmesser Φ, m	Steigung h, m	Flügelzahl z	Undrehungen in der Minute n	Fahrgeschwindigkeit v m/Sek.	Propellerschub P kg	Effektivleistung N in PS
Postdampfer	5,7	6,5	4	80	7,5	--	4000
Kais. Yacht Hohenzollern	4,49	6,9	3	107	11,07	—	4817
„Berlin"	6,3	7,1	4	80	8,75	—	7000
„George Washington" .	6,5	—	3	83	9,5	—	10000
Schnelldampfer „Kaiser Wilhelm II. . . .	7,2	8,6—10,4	4	80	12	~80000	~20000
Antrieb mit Dampfturbinen Torpedoboots Zerstörer	1,67	1,59	3	800	17	15000	~4500
Moderne Panzerkreuzer grosse	3,74	3,4	3	330	14,7	65000	22500
	3,6	3,28	3	330	14,5	58000	20000
Moderne Panzerkreuzer kleiner	1,95	1,75	3	580	14	17000	5250
Wrightschraube Bauart Poelke	2,62	3,3	2	450	14	50	17
Holzschraube von Rettig	5	4	4	220	16	160	~50
Rahmenschraube von Ruthenberg	5	4	4	300	15,7	195	95
Aviatik-Eindecker: Propeller Chauvière .	2,8	1,8	2	1500	28	—	100
Ad Astra-Zweidecker: Propeller Eta . . .	2,1	1,15	2	1600	23,5	—	50—55
Parsevalschraube . . .	4,3	—	4	300	15	250	100
Maxim Flugmaschine 1893	5,4	4,8	2	375	20,6	450	180

d. h. die durch die Reaktion erzeugte Vortriebskraft der Luftschraube, die sie auf das Fahrzeug überträgt; die zur Erzeugung dieser Vortriebskraft nötige, effektiv in die Propellerwelle einzuleitende Arbeit $L = M \cdot \omega$ in mkg Sek, wobei M das Drehmoment in mkg Sek; in der Praxis ist es allerdings mehr üblich, diese Leistung durch die eingeleiteten Pferdestärken

$N = \dfrac{M \cdot \omega}{75}$ in PS auszudrücken; endlich der Wirkungsgrad η des Propellers als Verhältnis der geleisteten Arbeit (Schubkraft mal Fahrgeschwindigkeit) zur eingeleiteten Arbeit, also zur effektiven Leistung:

$$\eta = \frac{P \cdot v}{M \cdot \omega} = \frac{P \cdot v}{75 \cdot N}$$

6. Es ist nun naheliegend, für die Luftpropeller die langjährigen Erfahrungen und die theoretisch gefundenen Gesetze zu verwerten, die für Wasserschrauben bereits vorliegen. Hierbei ist jedoch zu berücksichtigen, dass wir es bei Luftschrauben mit weit höheren Umdrehungszahlen, dagegen bei gleichen Abmessungen wegen des leichteren Mediums mit im Verhältnis ausserordentlich geringen Schubkräften und Leistungen zu tun haben. Dies geht besonders deutlich aus vorstehender Tabelle I auf Seite 17 hervor, die einige Schiffs- und Luftschrauben einander gegenüberstellt.

III. Allgemeine Theorien.

Das Propellerproblem theoretisch einwandsfrei und in einer für den Entwurf geeigneten Weise klar darzustellen, ist bisher noch nicht gelungen. Es sind auch noch derart viele experimentelle und theoretische Vorfragen zu erledigen, dass eine ganz umfassende Erklärung der Erscheinungen und eine vollkommen befriedigende Berechnungsmethode der günstigsten Schraubenformen wohl in absehbarer Zeit nicht zu erwarten steht. Die Strömungsverhältnisse und Druckverteilungen werden selbst für einfache Körper infolge der Rotation sehr verwickelt. Solange in den ersten Jahren des Dampfschiffbaues noch kleine Relativgeschwindigkeiten vorherrschten, konnten auch nur teilweise genaue Auffassungen und darauf begründete Berechnungen recht befriedigende Resultate ergeben, zumal praktische Rücksichten und die Erfahrungen der Konstrukteure doch in der Hauptsache bestimmend auftraten. Die auf eine ungleich höhere Ökonomie angewiesene Luftfahrt bedarf für ihre Propeller aber unbedingt einer eingehenden quantitativen Behandlung, die sich möglichst exakt auf wirklich vorhandene Verhältnisse stützt.

7. Zunächst müssen wir uns die Vorgänge in der Flüssigkeit beim Betrieb von Propellern einmal genau veranschaulichen, um zu erkennen, in welcher Art dieselben der Berechnung zugänglich sind. Wie wir am Anfang gesehen haben, wird das Fahrzeug nicht mit der Geschwindigkeit bewegt, die sich aus der Steigung der Schraube ergibt, sondern mit einer etwas geringeren. Als Mass für das Zurückweichen der Schraube gilt das Verhältnis:

$$\frac{\text{Schraubengeschwindigkeit} - \text{Fahrzeuggeschwindigkeit}}{\text{Schraubengeschwindigkeit}} \cdot \text{I)}$$

welcher Ausdruck mit scheinbarer Schlüpfung bezeichnet wird. Nun arbeitet aber die Schraube schon in einer Flüssigkeit, die dem Fahrzeug nachströmt, also muss die tatsächlich auftretende Schlüpfung noch grösser sein, als beobachtet wird. Diese unter dem Namen „Vorstrom" zusammengefasste Flüssigkeitsmenge wird sich nun nicht über den ganzen Schraubenkreis gleichmässig verteilen, sondern der Vorstrom ist dort am grössten, wo eine direkte Berührung der Flüssigkeit mit den Fahrzeugteilen stattfindet. Dann aber besitzt der Schraubenstrom am Umfang gegenüber der umgebenden Flüssigkeit eine Relativgeschwindigkeit, deren axiale Komponente gleich der Grösse sein muss, die wir soeben als Schlüpfung kennen gelernt haben. Um diese Relativgeschwindigkeit auszugleichen, gibt der Schraubenstrom Energie an seine Umgebung ab, so dass ein Teil derselben mit nach hinten fortschreitet, während andererseits die äussersten Partien des Schraubenstromes eine gewisse Verzögerung erleiden. Das bedeutet aber nichts anderes, als dass die äusseren Teile des rückwärts beschleunigten Flüssigkeitsstromes in einer dem Vorstrom ähnlichen Weise dem Fahrzeug nacheilen. Ähnliche Vorgänge kann man sich im Innern dieser Flüssigkeitssäule vorstellen; die Schraubennabe schreitet mit der Fahrzeugsgeschwindigkeit nach vorn; nun muss ihr mit gleicher Geschwindigkeit ein gleich grosser Flüssigkeitsstrom folgen, da sich sonst ein Vakuum bilden müsste. Vom inneren Radius der Schraube an bewegt sich aber die Flüssigkeit nach vorigem mit der Schlüpfungsgeschwindigkeit nach hinten, so dass sich auch hier zwei Flüssigkeitsströme entgegenfliessen würden. Dieses

2*

Nacheilen der Flüssigkeit im Inneren der Säule ist aber in Wirklichkeit nicht möglich, vielmehr wird das sich hinter der Nabe bildende Vakuum die Flüssigkeit von allen Seiten ansaugen. Hierdurch wird den Flüssigkeitsteilchen, die in der Nähe der Nabe durch den Propeller hindurchtreten, eine Zusatzbeschleunigung nach hinten erteilt und ausserdem hinter der Schraube die Flüssigkeitsfäden radial zusammengesaugt. Diese zum Ausfüllen des Vakuums benutzte Flüssigkeit wird also dem Schraubenstrom entzogen, wodurch sich ein Druckverlust in den inneren Teilen derselben ergibt, der sich dann auch weiter ausbreitet. Ferner entstehen infolge der auftretenden hohen Geschwindigkeiten besonders bei schnell laufenden Propellern häufig an der Saugseite der Schrauben sogenannte Kavitationen, d. h. der beschleunigte Flüssigkeitsfaden vermag der notwendigen Geschwindigkeit nicht mehr zu folgen, er reisst ab und zwischen den Flüssigkeitsteilchen bilden sich Hohlräume.

Diese allgemein skizzierten Vorgänge müssen nach Möglichkeit bei der Aufstellung einer Theorie berücksichtigt werden. Bei der Anwendung derselben auf Luftschrauben ergeben sich nun einige Vorteile, dass z. B. für diese einmal der Vorstrom praktisch kaum in Frage kommt, weil bei den weit vom Luftschiffkörper entfernten Schrauben angenommen werden kann, dass sie in unbeeinflusster Luft arbeiten, während man von dem geringen Einfluss, den die Tragdecks eines Flugapparates auf die Luft ausüben, wohl überhaupt absehen darf. Die Bildung von Hohlräumen beim Betrieb von Schiffsschrauben wird hauptsächlich dadurch eingeleitet, dass die über der oberen Flügelspitze befindliche — verhältnismässig kleine — Flüssigkeitssäule durch die entstehenden Hohlräume angesaugt und somit gesenkt wird, worauf ein Nachströmen von Luft stattfindet. Das kommt natürlich für Luftschrauben, die innerhalb des grossen Luftmeeres arbeiten, also kein dünneres Medium in gefährlicher Nähe haben, nicht in Frage, sodass auch die Erschwerung durch Kavitationen in Fortfall gerät.

Wenn wir uns nun den bestehenden hauptsächlichsten Theorien zuwenden wollen, so müssen zunächst einige allgemeine Annahmen vorausgeschickt werden, die mehr oder weniger von

allen benutzt werden: Zunächst ist (wie vorher) der von der
Luftschraube eingenommene Raum durch einen Zylinder vom
Grundkreis des Propellers begrenzt, welche Flüssigkeitssäule
allein betrachtet wird; der Propeller soll dann beim Betrieb
auf die ausserhalb dieses Zylinders sich befindende Flüssigkeit
keinerlei Einfluss ausüben.

Der Raum innerhalb dieses Zylinders wird durch eine Reihe
sehr nahe aneinander liegender koachsialer Zylinder in dünne
zylindrische Schalen aufgeteilt. Innerhalb und hinter dem
Zylinder soll die Flüssigkeitsbewegung in jeder Schale ungestört
durch die andere vor sich gehen. Ein Schnitt senkrecht zur
Propellerachse stellt die vorgenannten Schalen als Kreisringe
dar; die Flüssigkeit soll nun in die verschiedenen Punkte dieser
Kreisringe mit symmetrischer Geschwindigkeit einströmen, so
dass für jeden Flüssigkeitsfaden achsial eine Schraubenlinie entsteht. Der Einfluss der Strömung auf das von zwei solchen
konzentrischen Zylindern begrenzte Flügelelement soll analog
den Verhältnissen einer schräg vom Wind getroffenen Platte
von gleichem Einfallswinkel und von gleicher Geschwindigkeit
sein, ohne dass eine Beeinflussung durch die anderen Flügelelemente erfolgt, die sich mit anderer Geschwindigkeit und
unter anderem Einfallswinkel bewegen. Diese etwas willkürliche
Annahme trifft solange zu, als die Stellungswinkel benachbarter
Flächenelemente sich nur allmählich ändern. In jeder solchen
dünnen Schale soll sich infolge der Flügelkräfte eine Strömung
ausbilden, die den Sätzen vom Antrieb, der lebendigen Kraft
und der Winkelbewegungsgrösse genügt, ohne dass durch die
benachbarten Schalen eine Störung eintritt.

Der Strömungsquerschnitt soll infolge der achsialen Ge-
schwindigkeitsvermehrung sich nicht radial, sondern nur tangential
zusammenziehen, so dass also die Ausströmung nicht mehr
gleichmässig über den ganzen Umfang des Austrittsringes verteilt ist, sondern dass sich zwischen Zonen beschleunigter Strömung
stagnierende Flüssigkeit befindet. Die Geschwindigkeiten und
Druckunterschiede sollen genügend klein bleiben, so dass die
Elastizität der Luft und die Veränderung ihrer Dichte ohne Einfluss auf die Berechnung bleiben.

Ein Teil dieser Annahmen muss a priori als nicht den tatsächlichen Verhältnissen entsprechend bezeichnet werden; besonders das Verhalten der Flüssigkeit, die sich nicht in direkter Berührung mit der Schraube befindet, wird jedenfalls wesentlich anders als angenommen sein; aber eine exakte Messung der Strömung, vor allen Dingen der Radial- und Rotationskomponenten der Geschwindigkeit stösst auf erhebliche Schwierigkeiten. Neuere qualitative Analysen der Bewegungsvorgänge nach photographischen Aufnahmen haben wenigstens soviel klar gestellt, dass es sich hier um sehr komplizierte, von Blattform, Wirbelbildungen und dergleichen abhängige Verhältnisse handelt, deren Wiedergabe durch einfache Funktionen der einzelnen, bekannten, messbaren Vorgänge ausgeschlossen erscheint.

8. Die technischen Berechnungsmethoden stützen sich bezüglich der Wirkungsweisen der Luftschrauben auf zwei ganz getrennte Auffassungen. Rankine und seine Nachfolger ermitteln Schub und Drehmoment aus den dynamischen Sätzen von Antrieb, lebendiger Kraft und Winkelbewegungsgrösse; sie betrachten daher den Schraubenstrahl als Ganzes beim Durchgang durch den Propeller und nehmen an, dass ausserhalb des von Propeller erzeugten Strahles keine erheblichen Druck- oder Bewegungsänderungen erzeugt werden. Als äussere Kräfte kommen ferner die Druckdifferenzen beim Ein- und Austritt der Strömung in Betracht. Dieser so erzeugten Strömung werden nun die Steigungswinkel angepasst, wodurch sich Schrauben von axial wachsender Steigung ergeben. Über die Schaufelzahl und -dimensionierung gibt diese Theorie keinerlei Aufschluss. Die zweite von Redtenbacher, Froude, Taylor und anderen aufgestellte Flügelblatttheorie geht von der Einwirkung eines Flächenelements der Schraube auf die Flüssigkeit aus; sie betrachtet dieses Element als eine in einem unbegrenzten Medium schräg zu ihrer Normale geradlinig geführte, dünne, ebene Platte, deren Strömungsdrucke proportional dem Sinus des Einfallswinkels der Strömung, dem Quadrat der Relativgeschwindigkeit und der Flächengrösse aus Versuchen entnommen werden. Auf diese Weise werden die Geschwindigkeiten, Kräfte und Arbeiten für das Element bestimmt, worauf die Betrachtung passend auf

den ganzen Flügel ausgedehnt wird, so dass sich unter gewissen Voraussetzungen die Flügelabmessungen, sowie die Zahl der Flügel bestimmen lassen.

Die Grundzüge der theoretischen Entwickelung bestehen dabei stets in der Aufstellung folgender Beziehungen: nachdem zunächst mehr oder weniger vollständig die weiter vorn aufgezählten Annahmen vorausgeschickt werden, bezieht man die einzelnen Vorgänge der Übersichtlichkeit wegen auf ein Koordinatensystem, das mit dem Fahrzeug fest verbunden ist, also im Beharrungszustand dieselbe konstante Geschwindigkeit wie dieses besitzt. (Fig. 11.)

In der Figur stellt die Kurve AB die in eine Ebene aufgerollte Entwickelung eines Flächen-
elementes des
Schraubenflügels
dar, längs welchen
sich die Luft be-
wegen muss. Es
bedeutet $\omega \cdot r$ die
Umfangsgeschwin-
digkeit an der be-
treffenden Stelle, w
die Tangentialge-
schwindigkeit und
u die Relativge-

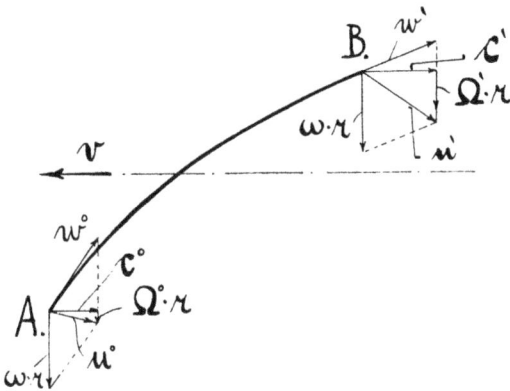

Fig. 11.

schwindigkeit, mit der sich das betreffende Luftteilchen wirklich bewegt; die in Richtung der Achse fallende Komponente ist dann gleich der ihm erteilten Rückstossgeschwindigkeit c, während die Rotationsgeschwindigkeit $= \Omega \cdot r$ ist.

Wir sehen ohne weiteres aus der Figur, dass die Luft sehr wohl schon beim Einfliessen eine gewisse Rotationsgeschwindigkeit besitzen kann; ferner, dass sie den Flügel in einer diesen tangierenden Richtung verlässt, was wegen der günstigen Wirkung stets nach Möglichkeit angestrebt werden muss.

Wir betrachten nun den Raum zwischen zwei benachbarten Zylinderflächen, die also durch die beiden sich unmittelbar dem

Propeller anschliessenden Ebenen begrenzt werden. Für die in diesem Raum für einen bestimmten Augenblick eingeschlossene Luftmenge werden nun die Projektions- und Momentengleichungen aufgestellt, die wegen der vereinfachenden Annahmen stets auf die Achse bezogen werden können. In bezug auf das angenommene Koordinatensystem hat die Strömung einen stationären Charakter und die sich ergebenden Gleichungen für den Achsialdruck des Elementes dP und das zugehörige Moment dM werden nun für einen sehr kleinen Zeitraum integriert. Dann wird noch die Kontinuitätsgleichung aufgestellt, nach welcher in der Zeiteinheit durch die verschiedenen Zylinderschalen stets dieselbe Flüssigkeitsmenge hindurchfliesst. Die so erhaltenen Gleichungen lassen sich dann noch dadurch vereinfachen, dass die sich auf die Volumina beziehenden Teile fortgelassen werden, weil das Volumen beiden Lagen der betrachteten Flüssigkeitsmenge gemeinsam ist.

Werden dann in analoger Weise die Gleichungen der kinetischen Energie (lebendigen Kraft) für das behandelte Zeitintervall aufgestellt, so ergeben sich geschlossene Ausdrücke für die Flüssigkeitsmasse, welche in der Zeiteinheit die begrenzenden Zylinderschalen durchströmt, weiter für die gesamte verrichtete, nützliche Arbeit, sowie für die Luftreibung; es wird dann noch die Bedingung des Steigungswinkels der Schraube beim Abfliessen der Luft hinzugenommen und endlich verlangt, dass im Beharrungszustand die Treibkraft, die von der Luft auf den Propeller ausgeübt wird, dem Gesamtluftwiderstand des Fahrzeugs bei der betreffenden Geschwindigkeit gerade das Gleichgewicht hält. Es ist jedoch schon von Rankine darauf hingewiesen worden, dass dieser Widerstand nicht der gleiche ist, als wenn dasselbe Fahrzeug mit genau gleicher Geschwindigkeit durch das Medium geschleppt oder sonstwie hindurch getrieben wird, weil der Propeller gewisse Änderungen in der Bewegung des Mediums hervorruft.

Hiermit sind alle kinetischen und dynamischen Bedingungen erfüllt; bei näherem Eingehen auf die Rechnung zeigt sich aber bald, dass sämtliche Gleichungen nicht ohne weiteres genügen, um ohne Annahmen die vorteilhaftesten Verhältnisse für einen gegebenen Totaleffekt festzulegen. Die verschiedenen Verfasser schlagen daher besondere Wege ein: Rankine geht davon aus, dass die bestehenden Propeller-Formen wahrscheinlich vorteilhaft sind und bemüht sich daher, in Übereinstimmung mit diesen die Dimensionen so festzulegen, dass die neue Konstruktion wirklich den Anforderungen dieser Grundlage entspricht. Während dies für Wasser mit grosser Annäherung zutreffend sein dürfte, sahen sich seine Nachfolger gezwungen, bei Anwendung desselben Entwickelungsganges auf Luftschrauben erst durch systematische Versuche die vorteilhaftesten Formen zu ermitteln. So suchten Renard und Breguet theoretisch die Abhängigkeit des Schubes von der Umlaufgeschwindigkeit und dem Schraubendurchmesser bei Hubschrauben zu ermitteln und erprobten die Ökonomie jeweils bei gleichbleibender Tourenzahl oder Radius oder Schubkraft. Wahrscheinlich richtiger ist das Vorgehen von Reissner, der durch zweckmässige Fragestellung eine Konstruktion sucht, die in bezug auf die besonderen Zwecke des Propellers entweder bei Hubschrauben den grössten Hub, bei Ventilatoren die grösste Luftmenge, bei Treibschrauben aber die grösste Fahrgeschwindigkeit in der Zeiteinheit pro PS ergibt.

Froude, Lanchester, Drzewiecki kommen zu dem Schluss, dass jedem Punkt des Propellers gegen die Achse und den Relativstrom eine vorteilhafteste Steigung gegeben werden kann und zwar auch analog den Gesetzmässigkeiten für Auftrieb und Widerstand der schief zum Wind stehenden Platte. Bei der mathematischen Schraubenfläche nimmt die Neigung nicht entsprechend der wachsenden Relativgeschwindigkeit des Flügelelementes zu; soll daher die vorige Bedingung für die ganze Konstruktion unverändert erfüllt sein, so muss die konstante Steigung aufgegeben werden zugunsten einer Schraubenfläche variabler Steigung.

Alle diese Theorien nehmen als Ausgangspunkt die wahrscheinlichen Ausdrücke für die Verteilung von Auftrieb und Widerstand. Lanchester und Drzewiecki ermitteln diese Verteilung und den Einfallwinkel aus Versuchen mit ebenen Platten; Froude und Clément de Saint Mareg stellen theoretisch eine funktionale Beziehung zwischen Steigungs- und

Einfallwinkel auf, die bei maximalem Wirkungsgrad beide
Winkel auf einmal ergibt.

Wie wir unter I, 1—3, gesehen haben, muss zur Erzeugung
eines Vortriebes einer Luftmenge Q in Volumeneinheiten von der
spezifischen Masse $\frac{\gamma}{g} = \mu$ eine Beschleunigung c erteilt werden.
Der Rückstoss P ist dann $P = \mu . Q . c$, wobei die sekundlich
verbrauchte Arbeit gleich der erzeugten lebendigen Kraft wird

$$L = \mu . Q . \frac{c^2}{2}. \qquad \qquad 1)$$

Es verhält sich also $\qquad \frac{P}{L} = \frac{2}{c}; \qquad \qquad 2)$

um demnach eine bestimmte Vortriebskraft durch gleichförmige
Beschleunigung von Luftmassen hervorzubringen, lässt sich mit einer
um so geringeren Leistung auskommen, je geringer die erteilte
Geschwindigkeit, je grösser aber die erfasste Luftmasse ist.
Während es nun bei Tragflächen im allgemeinen nicht möglich
ist, die erfasste Luftmenge rechnerisch zu bestimmen, lässt sich
nach Prof. F i n s t e r w a l d e r bei Luftschrauben tatsächlich in
der angegebenen Weise verfahren, unter der Annahme, dass die
beschleunigte Luftmasse wirklich einen geschlossenen Strahl
bildet, dem in allen Teilen eine mit grosser Näherung gleich-
gerichtete und gleich grosse Geschwindigkeit zukommt. Ist nämlich
die Geschwindigkeit an einigen Stellen grösser als im Durchschnitt, so bedeutet das, dass die verzehrte Arbeit an dieser Stelle
schlechter ausgenutzt wird, welcher Verlust sich auch durch
Stellen mit geringerem c nicht ausgleichen lässt. Der Vortrieb
hängt mit Σc in der ersten Potenz zusammen, die eingeleitete
Arbeit aber mit Σc^2: bei konstantem Σc^2 ist Σc aber dann
am grössten, wenn sämtliche c gleich gross sind.

Wie sich nun durch einfache Überlegung zeigt, erhält die
Luft, wie jede Flüssigkeit ihre ganze Beschleunigung nicht
i n n e r h a l b des Propellers, sondern sie durchströmt diesen mit
einer geringeren Geschwindigkeit w_1 und beschleunigt sich dann
infolge des restlichen Überdruckes weiter auf die Endgeschwindigkeit c. Die Geschwindigkeit w_1 lässt sich aber dadurch bestimmen, dass man die aufgewandte Leistung L auch als das

Produkt von Vortrieb P mal Durchtrittsgeschwindigkeit w_1 darstellen kann. Arbeitet nun die Schraube am Fixpunkt, so ist die geförderte Luftmenge offenbar $Q = F \cdot c$; die Leistung ergibt sich also gleich: $L = P \cdot w_1 = \mu \cdot Q \cdot \dfrac{c^2}{2} = \mu \cdot F \cdot \dfrac{c^3}{2}$; P ist aber nach vorigem: $P = \mu \cdot F \cdot c^2$, folglich ist $w_1 = \dfrac{c}{2}$.

Die Luft durchströmt den Propeller also nur mit dem halben Wert ihrer schliesslichen Geschwindigkeit und der Strahlquerschnitt schnürt sich infolgedessen hinter der Schraube tangential zusammen.

Nachdem wir so einen Überblick über die möglichen Propellertheorien erhalten haben, wollen wir die gebräuchlichsten Rechnungsweisen nach ihrer Entstehung betrachten und uns durch einige Beispiele von ihrem Wirkungsbereich überzeugen.

9. Die theoretische Betrachtung des Flügelflächenelements

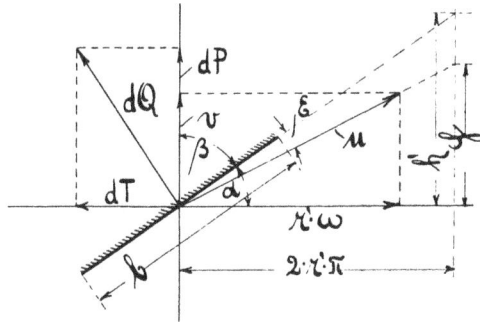

Fig. 12.

$\mathfrak{H} = \mathfrak{h}_0$ = Weg des Fahrzeugs pro Schraubenumdrehung.

h = Weg des Fahrzeugs, welcher der Schraubensteigung pro Umdrehung entsprechen würde.

als Widerstandsfläche mit Hineinziehung der nächstliegenden Flüssigkeitsteilchen ergibt die besten und natürlichsten Resultate.

Aus einem Flügel wie z. B. Fig. 8 d wird durch zwei unendlich nahe aneinander liegende Zylinder vom Radius r' ein Element von der Breite b und der Stärke d r' herausgeschnitten (Fig. 12); dieses kann wegen der geringen Flügelbreite im Verhältnis zum Radius mit genügender Annäherung als rechteckige Platte von der Fläche b . d r' angesehen werden. Die materielle Dicke, also das Profil wird zunächst nicht beachtet, sondern nur mit der Druckfläche gerechnet. Das Element besitzt eine gewisse Axialgeschwindigkeit, für die vorbehaltlich späterer Korrektur zunächst

v eingesetzt wird; ferner die Umfangsgeschwindigkeit $r`. \omega$, woraus sich die resultierende Geschwindigkeit $u = \sqrt{v^2 + (\omega . r')^2}$ ergibt. Wie ohne weiteres aus der Figur ersichtlich, bedeutet dies nichts anderes, als wenn die Platte mit der Geschwindigkeit u und der Neigung ε gegen die Luft in Richtung von u verschoben wird. Nun sei d Q der Normaldruck, den das Element während der Bewegung durch den Luftwiderstand erfährt, d P und d T aber die Komponenten dieses Normaldruckes in Richtung der Schraubenachse bezw. in der Drehrichtung.

Die Luftkräfte auf die wenig geneigte Fläche sind nun gerade in der letzten Zeit in einer grossen Reihe von Untersuchungen geprüft worden und es hat sich mit guter Übereinstimmung ergeben, dass man für die Resultierende aus Widerstand und Auftrieb setzen kann:

$$R = \delta . v^2 . f . k_R . f(\varepsilon), \qquad 3)$$

worin δ die Luftdichte $\dfrac{\gamma}{g}$, v die Geschwindigkeit, f die Fläche, k_R einen Koeffizienten und $f(\varepsilon)$ eine Funktion des Neigungswinkels bedeutet. k_R ist abhängig von f und v; nach den letzten, sehr eingehenden Untersuchungen von Föppl[1]) scheint die Abhängigkeit von r nur gering zu sein, so dass sie ohne weiteres zu vernachlässigen ist. Wesentlich anders ist dies jedoch betreffs f, hier besteht eine Abhängigkeit nicht nur nach der Grösse von f, sondern auch nach der Formgebung (bei rechteckigen Platten ist λ das Verhältnis $\dfrac{a}{b}$, wenn a die Tiefe, b die Breite, also die Vorderseite der Platte bedeutet). Föppl hat Auftrieb und Widerstand in gesonderten Formeln festgelegt und zwar sowohl für gewölbte als auch ebene rechteckige Platten:

Ebene Platte
$$\begin{cases} \text{Auftrieb} \quad = \dfrac{\gamma . v^2}{g} . f . \zeta_{Ae}; \quad \zeta_{Ae} = \dfrac{\varepsilon}{16 + 54 . \lambda} \qquad 4) \\[2ex] \text{Widerstand} = \dfrac{\gamma . v^2}{g} . f . \zeta_{we}; \qquad\qquad\qquad 5) \\[2ex] \zeta_{we} = 0{,}004 + 0{,}3 \, \dfrac{d}{a} + \sin \varepsilon . \zeta_{Ae} \end{cases}$$

----

[1]) Jahrbuch der Motorluftschiff-Studien-Gesellschaft 1910/11.

$$\text{Auftrieb} \quad = \frac{\gamma \cdot v^2}{g} \cdot f \cdot \zeta_{Ag}; \qquad\qquad 6)$$

Gewölbte Platte

$$\zeta_{Ag} = (\varepsilon + 3^0) \cdot \left(0,32\,\varphi + \frac{1}{18 + 95\,\lambda}\right)$$

$$\text{Widerstand} = \frac{\gamma \cdot v^2}{g} \cdot f \cdot \zeta_{wg}; \qquad\qquad 7)$$

$$\zeta_{wg} = 0,3\,\frac{d}{a} + 0,4\,\varphi + \frac{0,01}{100\,\varphi + 1} - 0,006 + 0,0005\,\varepsilon^2$$

worin d die Stärke der Platte, φ das Verhältnis Wölbungspfeil/Sehne, (s. Fig. 21), a (wie vorher) die Tiefe in Stromrichtung bedeutet. Die Formeln fassen also mit ζ den Ausdruck $k_R \cdot f(\varepsilon)$ unserer ersten Formel 3) zusammen; sie haben einen Gültigkeitsbereich für $\varepsilon = -3^0$ bis $\varepsilon = +9^0$.

Nach Kirchhoff, Rayleigh und Duchemin lässt sich für $f(\varepsilon)$ auch schreiben:

$$f(\varepsilon) = \frac{(4 + \pi)\sin\varepsilon}{4 + \pi \cdot \sin\varepsilon} \quad \text{bezw.} \quad \frac{2 \cdot \sin\varepsilon}{1 + \sin^2\varepsilon}.$$

Nun kann für die vorkommenden kleinen Werte von ε bis zu 15^0 mit hinreichender Genauigkeit $\sin^2\varepsilon$ vernachlässigt werden, so dass sich (wenn die Zahl 2 in k aufgenommen wird) schreiben lässt:

$$R = \frac{\gamma\,v^2}{g} \cdot f \cdot k_R \cdot \sin\varepsilon. \qquad\qquad 8)$$

Sieht man zunächst von der Oberflächenreibung ab, so kann die Resultierende (also die Summe der Winddrücke auf die Oberfläche der Platte) als auf der Fläche, bezw. der Sehne der schwachgewölbten Platte senkrecht stehend angenommen werden. Für unseren Fall ergibt sich also:

$$dQ = k \cdot b \cdot dr \cdot u^2 \cdot \sin\varepsilon, \qquad\qquad 9)$$

worin unter k gleich $\frac{\gamma}{g} \cdot k_R$ zusammengefasst ist. Daraus folgt die Schubkraft:

$$dP = dQ \cdot \cos\alpha = k \cdot b \cdot dr \cdot u^2 \cdot \sin\varepsilon \cdot \cos\alpha, \qquad 10)$$

die Tangentialkraft:

$$dT = dQ \cdot \sin\alpha = k \cdot b \cdot dr \cdot u^2 \cdot \sin\varepsilon \cdot \sin\alpha. \qquad 11)$$

Nun ist der Steigungswinkel nach der Formel $\operatorname{tg}\alpha = \frac{h}{2\,r\,\pi}$ mit dem Radius veränderlich, ebenso ist ε von r und v abhängig, weil v nicht über den ganzen Schraubenkreis als konstant angesehen werden kann. Sobald man aber eine Abhängigkeit von u, b und ε zu r festgelegt hat, kann ohne weiteres die Summenbildung der einzelnen Schub- und Tangentialkräfte über den ganzen Flügel vorgenommen werden, wobei allerdings lediglich dessen D r u c k s e i t e unter Vernachlässigung der Reibungswiderstände berücksichtigt ist. Die Flügelbreite ist natürlich willkürlich: soll aber eine rein rechnerische Dimensionierung des Flügels erfolgen, so muss entweder konstante Breite oder aber nach bestimmtem Gesetz linear etwa (mit dem Radius) veränderliche Breite in die Formeln eingeführt werden.

Aus der Tangentialkraft d T ergibt sich nun das zur Aufrechterhaltung des Propellerschubes d P nötige Drehmoment

$$d M = r . d T = k . r . b . dr . u^2 . \sin\varepsilon . \sin\alpha, \qquad 12)$$

so dass sich der Wirkungsgrad niederschreiben lässt:

$$\eta = \frac{d P . v}{d M . \omega} = \frac{v}{\omega} . \frac{\cos\alpha}{r . \sin\alpha} = \frac{v}{\omega} . \frac{1}{r . \operatorname{tg}\alpha} = \frac{2\pi}{h} . \frac{v}{\omega}. \qquad 13)$$

Für konstante Steigung und entsprechende Veränderlichkeit von ε haben also sämtliche Flügelelemente gleichen Wirkungsgrad. Die keineswegs zu vernachlässigenden Rotations- und Reibungsverluste bewirken aber ein gänzlich anderes Ergebnis, besonders in der Nähe der Nabe.

Nun ist aber nach der Figur 12

$$\frac{v}{r . \omega} = \operatorname{tg}(\alpha - \varepsilon), \text{ also ist } \eta = \frac{\operatorname{tg}(\alpha - \varepsilon)}{\operatorname{tg}\alpha} = \frac{\operatorname{tg}\beta}{\operatorname{tg}(\beta + \varepsilon)}. \qquad 13a)$$

Rechnet man η nach diesem Ausdruck für verschiedene Werte von β und unter der Annahme konstant bleibenden ε aus, so erhält man eine Kurve in der Art unserer Abbildung Fig. 13, s. S. 31, in welcher der besseren Übersichtlichkeit wegen die Verhältnisse $\left(\dfrac{r}{h_0}\right)$ in gleichen Abständen als Abzissen eingetragen sind, weshalb die Winkel ungleichmässig wachsend dargestellt werden mussten. Das Wirkungsgradmaximum ergibt sich bei $\beta = 43^0$, der Figur ist ein konstantes $\varepsilon = 6^0$ zugrunde gelegt, die Konstruktionssteigung h muss demnach veränderlich sein, so dass nunmehr zweckmässig mit der sogenannten effektiven Steigung h_0 gerechnet wird, die sich nach Fig. 12 aus $\operatorname{tg}(\beta + \varepsilon) = 2\pi\left(\dfrac{r}{h_0}\right)$

errechnen lässt. Die η-Kurve wird nun hauptsächlich dazu benutzt, den für den Flügel noch brauchbaren Teil $\dfrac{r}{h_0}$ abzugrenzen
und damit das Verhältnis des grössten Halbmessers zur effektiven Steigung festzulegen. Durch Integration von Gleichung 10)
zwischen den Grenzen r und r_1 erhalten wir die gesamte Schubkraft des betreffenden Flügels, so dass sich für den ganzen
Propeller bei z Flügeln ergibt:

$$P = k \cdot z \cdot \int_1^r b \cdot dr \cdot u^2 \sin \varepsilon \cos \alpha, \qquad 14)$$

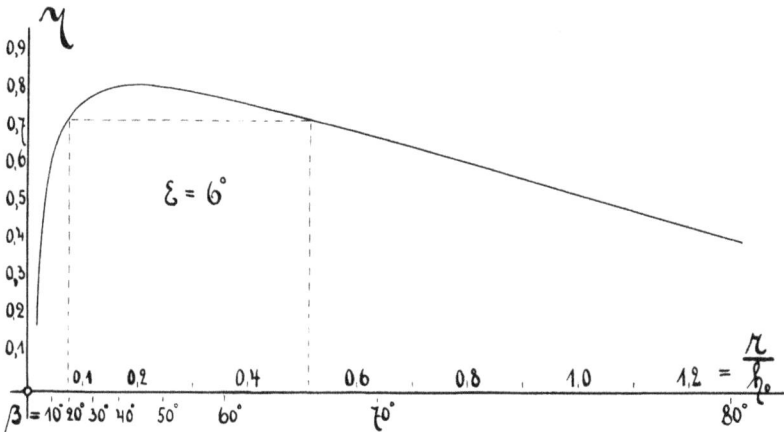

Fig. 13.

wofür ein Drehmoment aufzuwenden ist:

$$M = k \cdot z \cdot \int_{r_1}^r b \cdot dr \cdot u^2 \cdot \sin \varepsilon \cdot \sin \alpha. \qquad 15)$$

Der Wirkungsgrad wird also:

$$\eta = \frac{P \cdot v}{M \cdot \omega} = \frac{v}{\omega} \cdot \frac{\int_{r_1}^r b \cdot dr \cdot u^2 \cdot \sin \varepsilon \cdot \cos \alpha}{\int_{r_1}^r b \cdot dr \cdot u^2 \cdot \sin \varepsilon \sin \alpha}. \qquad 16)$$

Wird wieder konstante Flügelbreite b und konstanter Einfallswinkel ε angenommen, so folgt nach einigen Umformungen

$$\eta = \frac{v}{\cfrac{h \cdot \omega}{2\pi}} : \frac{h \cdot \omega}{2\pi}$$ ist aber die der Steigung h und der Um-

drehungszahl n entsprechende Fortschreitungsgeschwindigkeit,
so dass sich mit Berücksichtigung der scheinbaren Schlüpfung
Seite 19 I)

$$s_s = \frac{\cfrac{h \cdot \omega}{2\pi} - v}{\cfrac{h \cdot \omega}{2\pi}} = 1 - \frac{v}{\cfrac{h \cdot \omega}{2\pi}} = 1 - \eta \qquad 17a)$$

oder

$$\eta = 1 - s_s \qquad 17b)$$

ergibt. Dieser Wert ist natürlich nur für erste Überschlags-
rechnungen zu verwenden, weil durch die Vernachlässigungen
wesentliche Änderungen eintreten.

10. Bei der Schraubenstrahltheorie wird durch Ver-
mittlung der Flügelflächen eine gewisse Luftmenge in der Zeiteinheit entgegengesetzt zur Fahrtrichtung in geschlossenem Strahl
beschleunigt und unter der Annahme, dass c innerhalb des
Propellers konstant bleibt, ergibt sich als Reaktionsgleichung für
die von v auf c beschleunigte Luftmasse

$$Q = F \cdot \gamma \cdot c$$

und

$$P = \frac{Q}{g}(c - v) = \frac{F \cdot \gamma}{g} \cdot c \,(c - v); \qquad 18)$$

ist nun durch irgendwelche Bedingungen oder Überlegungen
der Schraubendurchmesser bekannt, so lässt sich durch diese
Gleichung P und c vorläufig festlegen. Aus der Bedingung,
dass das Produkt $u' \cdot r = u'_2 \cdot r_2$ im austretenden Strahl konstant
bleibt, lässt sich nach einigen Umformungen die Gleichung für
den kleinsten zulässigen Nabenradius für ein gegebenes

$$\omega \text{ zu } r_1 \geq \frac{1}{\omega} \cdot \sqrt{\zeta \,(c^2 - v^2}, \qquad 19)$$

schreiben, wobei für überschlägliche Rechnungen $\zeta = 1$ angenommen werden kann. Darf nun nach Erfüllung dieser Nabenbedingung die tangentiale Geschwindigkeitskomponente klein
angenommen werden, so wird

$$c = r \cdot \omega \cdot tg\, \alpha = r \cdot \omega \cdot \frac{h}{2 \cdot r \cdot \pi} = \frac{h \cdot \omega}{2\pi}; \qquad 19a)$$

nach 18) $\quad P = F \cdot \dfrac{\gamma}{g}(c - v) \cdot c = F \cdot \dfrac{\gamma}{g} \cdot \left(\dfrac{h \cdot \omega}{2\pi} - v\right) \dfrac{h \cdot \omega}{2\pi}$,

oder unter Einsetzung von $\quad \omega = \dfrac{\pi\, n}{30}$:

$$P = A \cdot n^2 - B \cdot n \cdot v, \qquad\qquad 20)$$

wobei $\qquad A = \dfrac{h^2}{3600}\ \text{und}\ B = \dfrac{h}{60}$,

welche Gleichung für Propellerversuche von grossem Wert ist. Um die Leistung in ähnlicher Weise zu erhalten, kann man unter Hinzuziehung des Wirkungsgrades schreiben: $\ L = \dfrac{P \cdot v}{\eta}$;

η ist aber nach 13) angenähert $= \dfrac{v}{h \cdot n}{60}$; $\quad L = P \cdot \dfrac{v \cdot \dfrac{h \cdot n}{60}}{v}$

$$= (A \cdot n^2 - B \cdot n \cdot v) \cdot \dfrac{n \cdot h}{60} = A_1 \cdot n^3 - B_1 \cdot n^2 \cdot v, \qquad 21)$$

wobei $\qquad A_1 = \dfrac{h^3}{216\,000}\ \text{und}\ B_1 = \dfrac{h^2}{3600}$.

Für Standversuche folgt aus diesen Formeln: $P = A \cdot n^2$ und $L = A_1 \cdot n^3$; der Schraubenschub nimmt also mit dem Quadrat, die aufgewendete Leistung mit der dritten Potenz der Umdrehungszahl zu, was sich auch bei allen Versuchen mit guter Übereinstimmung bestätigt hat (siehe 26).

11. Die richtige Wahl des Einfallswinkels ist nach vorigem von erheblicher Bedeutung; bei Schrauben konstanter Steigung und für eine Figur 12 entsprechende Veränderlichkeit von ε sowie unter Berücksichtigung, dass die Rotationsverluste mit w nahe der Achse stark wachsen, während die Reibungsverluste mit $\dfrac{r}{h}$ zunehmen, ergibt sich schliesslich für η ein ähnlicher Verlauf wie in Fig. 13 angegeben, woraus sich folgern lässt, dass in der Nähe der Nabe der Wirkungsgrad der Flügel ein sehr geringer ist, dass ferner der günstigste Bereich für einen Steigungswinkel von 45^0 zutrifft. Man benutzt nun diese Kurve dazu, um die Teile des Flügels auszuwählen, die mindestens Element-Wirkungsgrade von 90 bis 95 % des erreichbaren

Maximums ergeben und muss dann in diesen Flügelteil die für die Aufnahme des Drehmoments nötige Fläche unterbringen. D r z e w i e c k i legt seiner Theorie die Annahme zugrunde, dass der Einfallswinkel konstant bleibt, infolgedessen muss die Steigung schwach veränderlich werden; er führt gleichzeitig die Reibungsverluste durch einen Koeffizienten μ mit in die Berechnung ein, wodurch sich eine Kräfteverteilung nach Fig. 14 ergibt. Unter gleichen Voraussetzungen wie vorher lässt sich dann der Wirkungsgrad niederschreiben als

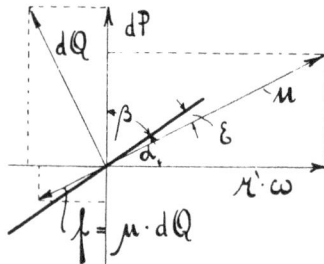

Fig. 14.

$$\eta = \frac{\operatorname{tg}(\beta + \varepsilon) - \mu}{[1 + \mu \cdot \operatorname{tg}(\beta + \varepsilon)] \cdot \operatorname{tg}(\beta - \varepsilon)}. \qquad 22)$$

Der Wert μ setzt sich aus zwei Teilen zusammen; der erste hängt ab vom Einfallswinkel, denn μ steigt proportional $\operatorname{tg}\varepsilon$, der zweite ist abhängig von der Luftreibung an der Flügeloberfläche. Dieser Teil ist aber im Verhältnis zum ersten klein, er wird lediglich durch die Bearbeitung der Schraube bestimmt, verändert sich nicht mit dem Einfallswinkel und ist für denselben Flügel konstant. D r z e w i e c k i nimmt auf Grund von Erfahrungen und Versuchen für μ an: $\mu = \operatorname{tg}\varepsilon + 0{,}018$ und stellt zwischen den Grenzen $\mu = 0{,}05$ und $\mu = 1$ folgende Tabelle zusammen:

$\varepsilon =$	0°	1°50'	4°40'	10°20'	13°45'	0°55'	25°45'	30°12'	34°18'	38°4'	41°25'	44°30'
$\mu =$	∞	0,05	0,1	0,2	0,3	0,4	0,5	0,6	0,7	0,8	0,9	1,0
$\eta =$	0	0,905	0,819	0,692	0,554	0,459	0,382	0,321	0,271	0,231	0,198	0,172

In Figur 15 sind μ und η als Funktion des Neigungswinkels ε aufgetragen; gleichzeitig auch die Werte, die Föppl bei seinen Messungen in der aerodynamischen Versuchsanstalt Göttingen[1]) für ebene Platten gefunden hat. Bis für etwa 3° ist die Übereinstimmung für praktische Verhältnisse hinreichend genau; die kleineren Winkel (entsprechend einem μ von 0,05) dürften dagegen in der Praxis kaum erreichbar sein. Infolgedessen nimmt auch die η-Kurve einen etwas geringeren Wert an. μ nähert sich der X-Achse asymptotisch, weil bei $\varepsilon = 0^0$

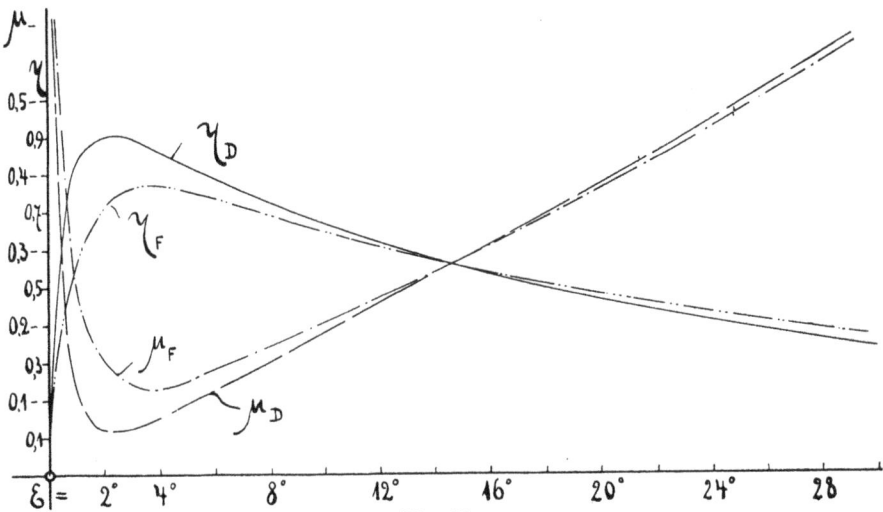

Fig. 15.

der Auftrieb verschwindet und der Reziprokwert unendlich gross wird. Aus dem gleichen Grunde ist der Wirkungsgrad bei 0° ebenfalls gleich 0, er steigt dann sehr schnell an, um nach einem Maximum langsam wieder zu sinken; wie aus der Figur ersichtlich, sind aber auch die Neigungswinkel bis zu $\varepsilon = 15^0$ noch recht günstig. Lanchester kommt zu ähn-

---

1) Dr.-Ing. Föppl hat für eine grosse Reihe ebener Platten vom Seitenverhältnis 1:1,5 bis 1:15 den Quotienten Auftrieb durch Widerstand bestimmt, welcher nach Figur 14 dem reziproken Wert von $\mu = \dfrac{f}{dQ}$ entspricht.

lichen Resultaten, indem er zuerst nach Fig. 12 den maximalen
Wirkungsgrad ermittelt.

Geleistete Arbeit pro Umdrehung: $h' . dQ \cos \alpha$

Aufgewendete Arbeit „ „ $2 . r' \pi . dQ . \sin \alpha$

$$\frac{h'}{2 r' \pi} = \operatorname{tg}(\alpha - \varepsilon); \quad \eta = \frac{h' . dQ . \cos \alpha}{2 . r' . \pi . dQ . \sin \alpha} = \frac{\operatorname{tg}(\alpha - \varepsilon)}{\operatorname{tg} \alpha}$$

Durch Differentiation nach $(\boldsymbol{\alpha} - \boldsymbol{\varepsilon})$ ergibt sich:

$$2\alpha - 90 = 90 - 2(\alpha - \varepsilon); \quad \alpha = (\alpha - \varepsilon) + \varepsilon,$$

$$2[(\alpha - \varepsilon) + \varepsilon] + 2(\alpha - \varepsilon) = 180^0$$

$$4(\alpha - \varepsilon) + 2\varepsilon = 180^0; \quad (\alpha - \varepsilon) + \frac{\varepsilon}{2} = 45^0$$

$$\alpha - \frac{\varepsilon}{2} = 45^0; \quad \alpha = 45^0 + \frac{\varepsilon}{2}; \quad \beta = 45^0 - \frac{\varepsilon}{2}. \qquad 22\,\text{a}$$

Den günstigsten Neigungswinkel nimmt L a n c h e s t e r nun
nach den Versuchen über den besten Gleitwinkel zu 10^0 an,
wobei er allerdings die Oberflächenreibung zu gross einsetzt;
der günstigste Steigwinkel trifft bei konstanter Steigung, wie
wir vorhin gesehen haben, nur für eine Stelle des Flügels zu.
Die Schraubenfortschreitung ist konstant, die Umfangsgeschwindigkeit $\sim r$, also nimmt der Steigungswinkel mit r ab. Der
Wirkungsgrad η wird für konstanten Einfallwinkel ε abhängig
von $\frac{r}{h}$ wie in Fig. 13 aufgetragen und nun von der gesamten
Propellerfläche nur der Teil benutzt, auf dem mindestens $90\,{}^0\!\!/_{\!0}$
des maximalen Wirkungsgrades erreicht werden. So wird das
Verhältnis: Durchmesser durch Steigung erhalten und L a n -
c h e s t e r gibt als praktischen Wert eine Steighöhe von 2 bis
2,5 mal Aussenradius an.

Nach den Arbeiten von K n o l l e r folgt u. a., dass Schrauben
mit konstantem ε solange 'sehr gute Wirkungsgrade ergeben,
als ε innerhalb des Bereiches des kleinsten Neigungswinkels
fällt, den die resultierende Reaktionsrichtung unter Berücksichtigung der Reibung mit der Normalen zur Bewegungsrich-
tung einschliesst; hiernach muss $\varepsilon = 4^0 - 9^0$ für ebene Flächen;
$= \sim 7^0$ für gewölbte $\left(\frac{1}{25}\ \text{Pfeilhöhe}\right)$ werden. Wenn man sich

aber den langsamen Abfall der Wirkungskurve bei wachsendem ε vergegenwärtigt, so sieht man ohne weiteres, dass ein etwas zu grosser Wert von ε nicht so schädlich ist, zumal sich wahrscheinlich im Betrieb ein kleineres ε einstellen wird, weil die Achsialgeschwindigkeit der Luft im Propeller grösser ist als die bisher stets in Rechnung gezogene Fahrgeschwindigkeit.

Aus der Wirkungsgradkurve geht ferner hervor, dass bei grosser Steigung und hoher Tourenzahl (etwa bei gekuppeltem Propeller), die vielleicht durch die geforderte Fahrgeschwindigkeit bedingt ist, nur dadurch ein erträglicher Wirkungsgrad zu erreichen ist, dass r klein gehalten wird, damit $\frac{r}{h}$ und dadurch auch ε klein bleiben. Lässt sich aber auf der so beschränkten Flügelfläche nicht das nötige Drehmoment unterbringen, so muss man sich wohl oder übel mit einem etwas schlechteren Wirkungsgrad begnügen. Langsam laufende grosse Propeller haben daher stets einen besseren Wirkungsgrad. Aus diesem Grunde verwendet man häufig Übersetzungen ins Langsame und nimmt lieber den geringeren Verlust der Übertragung in den Kauf. Allerdings muss dann stets der Gewichtsvergrösserung besonders Rechnung getragen werden.

12. Soviel bis jetzt an Versuchsmaterial über die F o r m der F l ü g e l, Veränderlichkeit der Breite etc. vorliegt, scheint diese auf den Wirkungsgrad des Propellers keinen wesentlichen Einfluss auszuüben, wenn nur Steigung und Durchmesser richtig dimensioniert sind und die nötige Fläche zur Aufnahme des Drehmoments vorhanden ist. Die nach dem Vorbild der Schiffsschrauben nach dem Umfang zunehmenden Flügelbreiten entbehren bei Luftschrauben insofern der Begründung, als hier die Stellen günstigsten Wirkungsgrades infolge der hohen Umdrehungszahlen und der verhältnismässig kleinen Fahrgeschwindigkeiten nahe der Nabe liegen, im Gegensatz zu den geringen Umdrehungsgeschwindigkeiten bei Wasserschrauben, die natürlich diese günstigsten Stellen mehr nach aussen verlagern. Im allgemeinen scheint die konstante Flügelbreite auch schon im Hinblick auf die Festigkeit als die zweckmässigste das Feld zu behaupten. L a n c h e s t e r nimmt nach aussen zu spitz zu-

laufende Flügel an und Reissner gibt für die Flügelbreite

$$b = C \cdot \frac{r \cdot h}{\sqrt{4 \pi^2 \cdot r^2 + h^2}} \qquad 23)$$

an, so dass diese sich wie die Abstände von der Nabe und die Sinus der Steigungswinkel α verhalten, was durch die praktisch erprobte Tatsache bestätigt wird, dass rasch rotierende Schrauben mit kleiner Steigung schmäler werden als solche mit grosser Steigung und geringer Geschwindigkeit.

13. In den bisher angeführten Theorien wird die Flügelzahl in keiner Weise gestreift; die Rankine- und Lorenzsche Theorie stützt sich sogar auf die vollständige Symmetrie um die Achse. d. h. sie nimmt eine unendlich grosse Flügelzahl an. Die Froudesche Theorie des Flügelelements liesse allerdings ein proportionales Anwachsen des errechneten Propellerschubes mit der Flügelzahl erwarten; es ist jedoch die mit der Flügelvermehrung stetig wachsende Beunruhigung der Luft in Betracht zu ziehen und im Hinblick hierauf eine Beschränkung auf 4 Flügel als richtig anzusprechen. So konnte Riabouchinski bei seinen umfangreichen Standversuchen mit verschiedener Flügelzahl nur ein Anwachsen des Wirkungsgrades bis zu 4 Flügeln feststellen; bei weiterem Vergrössern der Flügelzahl liess sich nur noch eine geringe Zunahme von η erzielen, die durch die Gewichtsvermehrung reichlich ausgeglichen wurde. Nach praktischen Erfahrungen gibt Eberhardt als bis zu 50 PS ausreichend zwei Flügel an. Nun darf aber aus aerodynamischen Rücksichten die Breite nicht über ein bestimmtes Mass hinausgehen, daher nimmt Drzewiecki als zulässiges Verhältnis von Flügelbreite zur Länge

$$\frac{b}{r - r_1} = \frac{1}{6} \text{ an.} \qquad 24)$$

Auch Lanchester beschäftigt sich mit dieser Frage; er will im Bereich des besten Wirkungsgrades (also bei $\beta = \sim 45^0$; Radius $= r_0$) keine Störung der Luft, demnach auch keine Überlagerung der Flügelflächen haben und bestimmt hiernach die Breite auf dem Umfang des entsprechenden Kreises

$$b' = (r - r_1) \div \sqrt{2}, \qquad 25)$$

wobei ζ von 0,75 auf 0,95 anwächst, wenn $\dfrac{r-r_1}{b}$ von 8 auf 3 abnimmt. Damit erhält er eine Flügelzahl von

$$z = \frac{2 \cdot \pi r_0}{\zeta \cdot \sqrt{2\,(r-r_1)}}. \qquad 26)$$

Bei Schrauben mit kleinen Einfallswinkeln rückt nun die Stelle der günstigsten Ausnutzung, wie aus Fig. 13 ersichtlich, sehr nahe an die Nabe heran, so dass sich dann bei Einsetzung des entsprechenden Radius r_0 unbrauchbare Resultate ergeben; daher schlägt Pröll vor, statt r_0 einen Radius $\dfrac{r+r_1}{2}$ zu nehmen, wodurch sich besser verwendbare Flügelzahlen erzielen lassen; allerdings kann es eventuell vorkommen, dass Flügelteile, die innerhalb dieses Radius liegen und vielleicht bessere Wirkungsgrade aufweisen, sich zum Teil überdecken. Unter der vorerwähnten Annahme und nach kleiner Umformung bringt Pröll die Gleichung für z auf folgende Form:

$$\frac{2 \cdot \pi \cdot \dfrac{r+r_1}{2}}{\zeta \cdot \sqrt{2} \cdot (r-r_1)} = \frac{\pi}{\zeta \cdot \sqrt{2}} \cdot \frac{1 + \dfrac{r_1}{r}}{1 - \dfrac{r_1}{r}} = z, \qquad 27)$$

aus der hervorgeht, dass die Flügelzahl um so grösser werden kann, je dicker die Nabe im Verhältnis zum Aussenradius ist.

IV. Berechnung der Luftschrauben.

Bestimmende Grössen:

Propellerschub $= P$ kg
Drehmoment $= M$ mkg
Fahrgeschwindigkeit $= v$ m/Sek.
Umdrehungszahl $= n$ /Minute
Winkelgeschwindigkeit $= \omega = \dfrac{\pi \cdot n}{30}$
Antriebsleistung $= N$ PS; $N = \dfrac{M \cdot \omega}{75}$

} Mehr oder weniger durch die Konstruktion des Fahrzeugs festgelegt.

$$\text{Wirkungsgrad} \quad = \eta = \frac{P \cdot v}{M \cdot \omega}$$

Aussen- ⎱
Innnen- ⎰ Radius $= \begin{cases} \text{r m} \\ \text{r}_1 \text{ .,} \end{cases}$

Steigung $= \text{h}$ „

Flügelbreite $= \text{b}$ „

Anzahl der Flügel $= \text{z}$

Wie oben angegeben, liegen für den Entwurf grösstenteils P, v, N, n bereits vor, da es sich in der Mehrzahl der Fälle wohl darum handeln wird, für ein bestimmtes Luftfahrzeug die Treibschraube zu konstruieren; grundsätzlich ist es daher für die Berechnung belanglos, ob das betreffende Fahrzeug ein Lenkballon oder ein Flugzeug ist, da stets bei der verlangten Geschwindigkeit der Widerstand P zu überwinden ist. Für Flugzeuge geht in P auch die aerodynamische Tragkraft ein, so dass sich schreiben lässt

$$P = P_1 + P_2 = G \cdot \mathrm{tg}\, \varepsilon_1 + f \cdot \frac{\gamma}{g} \cdot v^2 ; \qquad 28)$$

G = Fahrzeuggewicht. ε_1 = Neigungswinkel der Tragfläche gegen die Fahrtrichtung.

14. Für P_1 errechnet W e l l n e r den angenäherten Ausdruck:

$$P_1 = \frac{G^2}{F \cdot \dfrac{\gamma}{g} \cdot v^2 \cdot k} , \qquad 29)$$

worin F = Tragfläche in m², k aber einen Faktor bedeutet, der mit guter Näherung = 2 gesetzt werden kann.

$$P_2 = f \cdot \frac{\gamma}{g} \cdot v^2 ; \qquad 30)$$

f = hemmende Stirnfläche in m²; W e l l n e r berechnet f für das Wright-Flugzeug zu 1 m²:

Tragflügel, 12,5 m lang, 0,05 m dick, gut zu-
geschärft $= 0,3125$ m²

Vertikalstreben, 1,8 m lang, 0,03 m dick $= 0,2592$ „

Führer $= 0,25$ „

Motor, Kühlvorrichtung, Steuer, Kufen, Aus-
rüstung $\underline{= 0,1783}$ „

$f = 1,0$ m²

Für moderne Flugzeuge wird man im Mittel $f = 1$ setzen können. Da bei zunehmendem v der Teil P_1 kleiner, P_2 dagegen grösser wird, muss es eine Geschwindigkeit geben, für welche die Summe P ein Minimum wird. Durch Differentiation und einige Umformungen ergibt sich

$$P_{min} = 2 \cdot G \cdot \sqrt{\frac{f}{F \cdot k}}. \qquad 31)$$

Für den Wright-Apparat hat **Wellner** die Rechnung durchgeführt:

$G = 480$ kg; $F = 60$ m²; $m = 2$; $\frac{\gamma}{g} = \frac{1}{8}$; $f = 1$ m²; $P_{min} = 87$ kg.

In etwas anderer Schreibweise lautet die Formel

$$\frac{G}{P_{min}} = \frac{1}{2}\sqrt{\frac{F \cdot k}{f}} \qquad 32);$$

für unser Beispiel: $\frac{G}{P_{min}} = 5{,}5$ und damit kommen wir auf die vorhin erwähnten Resultate der **Föppl**schen Messungen, die für gewölbte Flächen (wie sie jetzt wohl auf alle Tragflügel zutreffen) bei Neigungswinkeln von 3^0—5^0 und den verschiedensten Abmessungen mit guter Übereinstimmung ein Verhältnis von $\frac{A}{W} = 12 - 14$ ergeben haben. Dieses Verhältnis ist aber nichts anderes als der eben erhaltene Ausdruck $\frac{G}{P_{min}}$; rechnet man nun für die praktische Ausführung auch etwas ungünstiger infolge des erhöhten Stirnwiderstandes, so lässt sich doch wohl bei geeigneter Bauart noch ein kleineres P erzielen.

Bei der Ableitung einer Formel für die Berechnung der Schrauben geht **Wellner** von der rückwärts beschleunigten Luftmasse m aus und setzt den Vortrieb gleich

$$P = m \cdot c_1 = \frac{\gamma}{g} \cdot r^2 \pi \cdot c_1{}^2, \qquad 33)$$

wobei $c_1 = v - c$ ist; die geleistete Arbeit ist dann

$$P \cdot v = M \cdot \omega = \eta_0 \cdot 75 \cdot N;$$

$$v = \eta \cdot c \text{ also } c_1 = \left(\frac{1 - \eta}{\eta}\right) v$$

$$P = \frac{\gamma}{g} \cdot \pi \cdot r^2 \cdot \left[\left(\frac{1-\eta}{\eta}\right) \cdot v\right]^2;$$

$$P \cdot P^2 = \frac{\gamma}{g} \cdot \pi \cdot \frac{d^2}{4} \cdot \left(\frac{\eta_0 \cdot 75 \cdot N}{v}\right)^2 \cdot \left[\left(\frac{1-\eta}{\eta}\right) \cdot v\right]^2;$$

$$P^3 = \frac{\gamma}{g} \cdot \frac{\pi}{4} \left[\eta_0 \cdot 75 \cdot N \cdot d \left(\frac{1-\eta}{\eta}\right)\right]^2;$$

$$P = (a \cdot N \cdot d)^{2/3}, \qquad\qquad 34)$$

wobei $a = \eta_0 \cdot 75 \cdot \frac{1-\eta}{\eta} \sqrt{\frac{\pi}{4} \cdot \frac{\gamma}{g}}$. Für normale Fälle kann

gesetzt werden: $\frac{\gamma}{g} = \frac{1}{8}$; $\eta = 0,6 - 0,75$; $\eta_0 = 0,8 - 0,9$;

woraus $a = 9 - 11$ folgt.

In dieser Formel ist die Veränderlichkeit des Schubes mit der Fahrgeschwindigkeit nicht berücksichtigt; sie setzt ein

genau konstant bleibendes Verhältnis $\eta = \frac{v}{h} \cdot \frac{\omega}{2 \cdot \pi}$ voraus, was

allerdings innerhalb weiter Grenzen bei Luftschrauben zutrifft. Wir wollen den Geltungsbereich der Formeln an einigen Beispielen kennen lernen, für welche genaue Versuchsresultate vorliegen, so dass wir später einen Vergleich anstellen können.

Beisp. 1. Die Schraubenanlage eines starken Luftfahrzeugs mit gutem Nutzeffekt für einen Schub von $P = 150$ kg für die Schraubeneinheit soll berechnet werden und zwar für eine Fahrgeschwindigkeit von $v = 16$ m und eine Umdrehungszahl $n = 270$

bei $N = 50$ PS. Zunächst wird $\frac{\gamma}{g}$ wieder $= 1/8$ gesetzt; $\eta_0 = 0,85$,

$\eta = 0,7$ angenommen; daraus ergibt sich $a = 8,55$ und

hieraus $d = \frac{150^{2/3}}{8,55 \cdot 50} = \textbf{4,3}$ m. Nun ist nach Gleichung 18)

$$P = \frac{F \cdot \gamma}{g} \cdot (c - v) \cdot c;$$ bei grösseren Fahrgeschwindigkeiten kann

man angenähert $F = \frac{d^2 \pi}{4}$ setzen, woraus sich c errechnet zu

$$c = \frac{1}{2} \cdot v \pm \sqrt{\frac{v^2}{4} + \frac{P \cdot g}{F \cdot \gamma}} = \sim 20 \text{ m/Sek.};$$ sodann lässt sich mit der

Bedingung der kleinst zulässigen Nabe Gleich. 19) der Nabenradius festlegen und nun mit dem so erhaltenen genaueren
Wert von F die Geschwindigkeit bestimmen:

$$r_1 = \frac{1}{\omega} \sqrt{1 \cdot (c^2 - v^2)} = \frac{1}{28,25} \cdot \sqrt{1 \, (20^2 - 16^2)} = \sim 0{,}42 \text{ m};$$

$$F = \pi \, (r^2 - r_1^2) = \pi \, (2{,}15^2 - 0{,}42^2) = 14 \text{ m}^2;$$

$$c = \frac{1}{2} \cdot 16 \pm \sqrt{\frac{16^2}{4} + \frac{150 \cdot 8}{14{,}0}} \pm = 20{,}2 \text{ m/Sek.}.$$

Daraus folgt dann nach 19a) die Steigung zu:

$$c = r \cdot \operatorname{tg} \alpha \cdot \omega = \frac{h}{2\pi} \cdot \omega; \quad h = \frac{c \cdot 2\pi}{\omega} = 4{,}42 \text{ m.}$$

Beisp. 2. Für ein Flugzeug steht ein Motor zur Verfügung,
der bei n = 1000 Touren $\sim$ 38 PS leistet; es soll nachgeprüft
werden, ob es möglich ist, bei der verlangten Fahrgeschwindigkeit $v = 17$ m/Sek und einem notwendigen Propellerschub von
P = 75 kg mit einem Raumbedarf von etwa 2—2,2 m für den
Schraubendurchmesser auszukommen; die Abmessungen der
Schraube sind dann zu ermitteln. Nehmen wir einmal einen
Durchmesser von **2,1** und ein a = 9 an, so ergibt sich
$P = (9 \cdot 38 \cdot 2{,}1)^{2/3} = \sim 80$ kg. Der Durchmesser würde also genügen; es wird daher zur Ermittlung der übrigen Abmessungen

die Grösse c bestimmt zu: $c = \frac{1}{2} \cdot v \pm \sqrt{\frac{v^2}{4} + \frac{P \cdot g}{F \cdot \gamma}} = 24{,}5$ m;

dann $r_1 = \frac{1}{105} \sqrt{1 \cdot (24{,}5^2 - 17^2)} = \mathbf{0{,}17}$ **m**, daraus folgt F ge-

nauer zu $\pi \, (1{,}05^2 - 0{,}17^2) = 3{,}37$ m², so dass sich c zu

$\frac{17}{2} + \sqrt{\frac{17^2}{4} + \frac{80 \cdot 8}{3{,}37}} = 24{,}7$ m ergibt. Hiernach errechnet sich

die Steigung zu $h = \dfrac{2 \cdot \pi \cdot 24{,}7}{105} = \mathbf{1{,}4}$ **m.**

15. Unter Berücksichtigung der verschiedenen Reibungs-
etc. Verluste hat der französische Capitaine Ferber einige
Formeln aufgestellt, deren einzelne Koeffizienten er durch Versuche mit Luftschrauben festlegte. Diese Versuche gingen auf
einem Wagen vor sich, auf dem verschiedene vierflügelige Pro-

peller montiert waren, deren Messergebnisse er dann den Formeln zugrunde legte. Die Formeln lauten:

$$P = \alpha . m . s . n'^2 . d^4 \text{ in kg} \qquad 35)$$

$$L = (\beta . m^2 . s + \beta') . n'^3 . d^5 \text{ in mkg} \qquad 36)$$

$$v = n' . m . d (1 - s) \text{ in } ^m/_{Sek}, \qquad 37)$$

worin m das Verhältnis $\dfrac{h}{d}$, $s = 1 - \dfrac{v}{h . n'}$ die scheinbare Schlüpfung und n' die Umdrehungszahl pro Sekunde bedeutet, während α, β und β' Koeffizienten sind, für die Ferber angibt:

$$
\begin{array}{llll}
m = 0 & 0{,}33 & 1 & 2 \\
\alpha = 0{,}0180 & 0{,}0224 & 0{,}0312 & 0{,}0211 \\
\beta = 0{,}0179 & 0{,}0220 & 0{,}0260 & 0{,}0194
\end{array}
\Bigg\} \; \beta' = 0{,}0026
$$

Diese Koeffizienten hängen natürlich sehr von der Form der Flügel, von der Profilierung derselben und ihrer Oberflächenbeschaffenheit ab, so dass diese Formeln mit einiger Vorsicht zu benützen sind. Für schnelle Überschläge tun sie jedoch recht gute Dienste, überhaupt wenn man noch einige Vereinfachungen eintreten lässt; zunächst kann α stets $\sim 0{,}03$ gesetzt werden, dann aber kann man β' vernachlässigen, worauf L in die einfachere Form

$$L = n'^3 . d^3 . h^2 . \beta . s \qquad 38)$$

übergeht. Beim Entwurf werden verschiedene Werte für den Slip (Schlüpfung) angenommen und nach den bekannten Werten von v und n' die Steigung berechnet $h = \dfrac{v}{n' . (1 - s)}$; hierauf wird aus $P = \alpha . m . s . n'^2 . d^4$ der Durchmesser bestimmt und dann aus $L = n'^3 . d^3 . h^2 . \beta . s$ die aufzuwendende Leistung. Diese so erhaltenen Leistungswerte werden nun als Funktion von s in einer Kurve zusammengestellt und mit dem Kleinstwert derselben entsprechend dem günstigsten Slip und dem besten Wirkungsgrad die genauere Durchrechnung angestellt. Für Beispiel 1) zunächst die Slips von $0{,}05 - 0{,}3$ zugrunde gelegt, gibt: $s = 0{,}05$, $P = 150$, $v = 16$, $n = 270$, $n' = 4{,}5$

$$h = \frac{v}{n' . (1 - s)} = \frac{16}{4{,}5 (0{,}95)} = 3{,}74$$

$$P = \alpha . m . s . n'^2 . d^4; \quad m = \frac{h}{d};$$

$$d = \sqrt[3]{\frac{P}{\alpha . s . n'^2 . h}} \qquad 39)$$

$$= \sqrt[3]{\frac{150}{0{,}03 . 0{,}05 . 4{,}5^2 . 3{,}74}} = \sim 11 \text{ m}$$

$$L = n'^3 . d^3 . h^2 . \beta . s = 4{,}5^3 . 11^3 . 3{,}74^2 . 0{,}025 . 0{,}05 = 2125 \text{ mkg}.$$

Stellen wir nun die so erhaltenen Werte in einer kleinen Tabelle zusammen, so ersehen wir zwar, dass die kleinste notwendige Leistung mit der kleinsten Schlüpfung zusammenfällt, dass aber gleichzeitig der Schraubendurchmesser über normale Abmessungen hinausgeht. Wir wählen daher d zu 5 m und rechnen jetzt zuerst nach Schätzung von s auf 0,35 den Wert m aus.

s	h m	d m	L mkg	N PS.
0,05	3,74	11	2125	28,4
0,1	3,95	8,54	2225	29,75
0,2	4,45	6,5	2500	33,4
0,3	5,1	5,4	2800	37,6
0,4	5,92	4,72	3510	47

$$m = \frac{P}{\alpha . s . n'^2 . d^4} = \frac{150}{0{,}03 . 0{,}35 . 4{,}5^2 . 5^4} = 1{,}31$$

$$h = 1{,}31 . d = \mathbf{5{,}65 \text{ m}}$$

$$L = (\beta . m^2 . s + \beta') . n'^3 . d^5 = \sim 3200 \quad N = \frac{3200}{75} = \sim \mathbf{43 \text{ PS}.}$$

Der Wirkungsgrad folgt dann zu $\eta = \dfrac{150 . 16}{3200} = \dfrac{P . v}{L} = \mathbf{0{,}75}.$

16. Die bisher in die Berechnung einbezogenen Ferberschen Koeffizienten gelten eigentlich nur für die Spezialform seiner Versuchsschrauben und müssten für jede andere Form umgerechnet werden. Das ist jedoch äusserst umständlich und nicht zu empfehlen; vielmehr lassen sie sich weit einfacher durch Versuche ermitteln. Nun hat aber der französische Ingenieur Camus für die ersten Näherungsrechnungen unter bestimmten Voraussetzungen folgende Formeln abgeleitet, die für normale Propeller allgemein gelten.

$$K^4 = \frac{n'^4 . P^2}{v^8} = \frac{\alpha^5}{\beta'^3} . \frac{s^5 \left(1 - s - \dfrac{\beta}{\alpha} . \eta \right)^3}{\eta^3 (1 - s)^8} \qquad 40),$$

$$B^2 = \frac{d^2 \cdot v^2}{P} = \frac{\beta'}{\alpha^3} \cdot \eta \cdot \frac{(1-s)^4}{s^3 \left(1 - s - \frac{\beta}{\alpha} \cdot \eta\right)} \qquad 41),$$

$$m^2 = \frac{\beta' \cdot \eta}{\alpha \cdot s \left(1 - s - \frac{\beta}{\alpha} \cdot \eta\right)}. \qquad 42).$$

Diese Formeln sind nun von ihm in einer graphischen Darstellung (Fig. 16, s. S. 47) für den praktischen Gebrauch niedergelegt und erweisen sich als recht zweckmässig, weil sich die Hauptabmessungen der Schrauben sofort abgreifen lassen. Für

unser Beispiel würde sich zunächst berechnen $K^4 = \frac{n'^4 \cdot P^2}{v^8}$.

$K = \frac{n' \cdot \sqrt{P}}{v^2} = \frac{4,5 \cdot \sqrt{150}}{16^2} = 0,215.$ Dieser Wert entspricht also

einer K-Kurve, die nahe $K = 0,2$ liegt und einen ähnlichen Verlauf zeigen muss. (In das Kurvenblatt sind nur einige Werte eingezeichnet, um die Übersichtlichkeit zu erhalten: die Zwischenwerte findet man sehr einfach durch Interpolieren; und zwar trägt man sie zweckmässig in ein über das Blatt gelegtes Pauspapier ein, auf dem man dann das weitere Zeichnen vornimmt.) Die von uns ermittelte K-Kurve erreicht ihr Maximum bei einem Wirkungsgrad von $\eta = 0,73$, der einem Slip von $s = 0,34$ entspricht. Durch diesen Schnittpunkt der senkrechten Sliplinie mit unserer K-Kurve müssen nun auch die übrigen Kurven gehen, wodurch wir ein $m = 1,5$ und $B = 5,2$ erhalten. Dadurch ergibt sich nun

wieder der Durchmesser zu $d = B \cdot \frac{\sqrt{P}}{v} = 5,2 \cdot \frac{\sqrt{150}}{16} = 4$ m

und nach $h = m \cdot d = 1,5 \cdot 4$ die Steigung zu $h = 6$ m.

Ein umgekehrtes Verhältnis von Steigung zu Durchmesser, also grösseres d und kleineres h lässt sich bei Erreichung eines guten Wirkungsgrades offenbar nur erzielen, wenn der Slip wesentlich geringer wird. Mit dem so erhaltenen Wert für d müsste nun wie vorhin mit den Gleichungen 18, 19, 19a) ein genaueres Durchrechnen erfolgen.

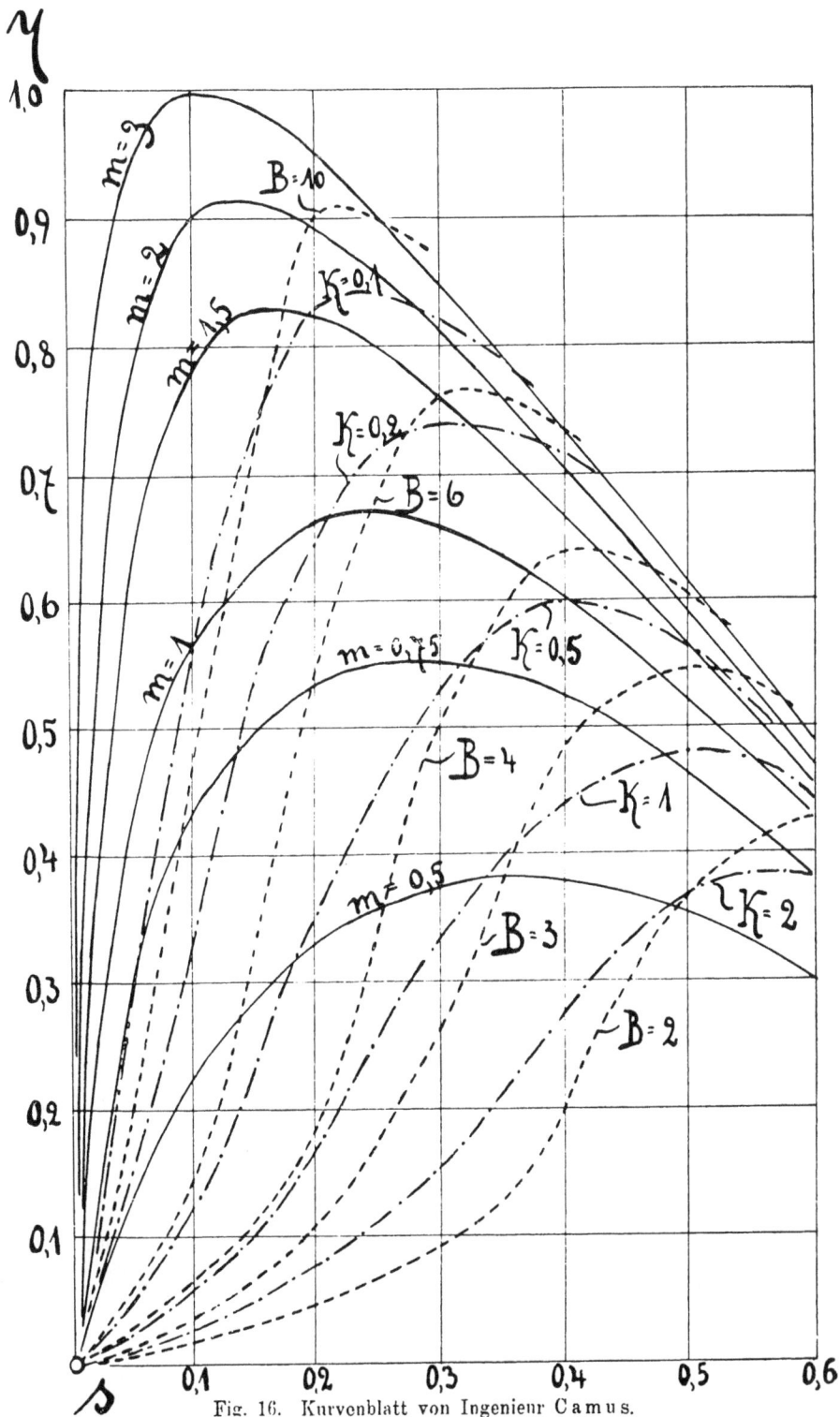

Fig. 16. Kurvenblatt von Ingenieur Camus.

Wird zunächst wieder $d = 5\,m$ und $F = \dfrac{d^2\pi}{4}$ angenommen, so folgt aus

$$c = \frac{1}{2}\,v + \sqrt{\frac{v^2}{4} + \frac{P \cdot g}{F \cdot \gamma}} = 8 + \sqrt{64 + \frac{150 \cdot 8}{19,64}} = 19,2\ ^m/_{Sek};$$

das ergibt nach der Bedingung des kleinsten Nabenradius

$$r_1 = \frac{1}{\omega} \cdot \sqrt{\zeta} \cdot (c^2 - r^2 = \frac{1}{28,25} \cdot \sqrt{1\,(19,2^2 - 16^2)} = 0,375\,m$$

und mit der nunmehr berichtigten Fläche $F = \pi\,(2,5^2 - 0,375^2)$

$$= 19,2\,m^2 \text{ berechnet sich c zu } 8 + \sqrt{64 + \frac{150 \cdot 8}{19,2}} = 19,25\,m,$$

woraus sich eine Steigung von $h = \dfrac{c \cdot 2 \cdot \pi}{\omega} = \dfrac{19.25 \cdot 2 \cdot \pi}{28,25}$ $= \sim 4,3\,m$ ergibt.

Wenden wir die Kurven von Fig. 16 für unser zweites Beispiel an, so erhalten wir zunächst für $K = \dfrac{n' \cdot \sqrt{P}}{v^2}$

$$= \frac{16,65 \cdot \sqrt{75}}{17^2} = \sim 0,5, \text{ wenn } n = 1000, \ n' = 16,65, \ P = 75\,kg$$

und $v = 17\ ^m/_{Sek}$ gesetzt werden. Die Kurve für $K = 0,5$ erreicht ihr Maximum bei $\eta = 0,62$; und die entsprechenden Werte von s, m, B lauten $s = 0,38$, $m = 1$, $B = 3,9$. Hieraus folgt dann d zu $d = B \cdot \dfrac{\sqrt{P}}{r} = 3,9 \cdot \dfrac{\sqrt{75}}{17} = 1,98 = \sim 2\,m$ und aus der Bedingung $h = m \cdot d$ ergibt sich $h = \sim 2\,m$. Nun wird mit d wieder die Beschleunigungsgeschwindigkeit c berechnet unter der Annahme, dass die Fläche F gleich der ganzen Schraubenkreisfläche ist: $c = \dfrac{17}{2} + \sqrt{\dfrac{17^2}{4} + \dfrac{75 \cdot 8}{3,14}}$ $= 24,7\ ^m/_{Sek}$. Nach der Korrektur durch die Nabenbedingung $r_1 = \dfrac{1}{105} \cdot \sqrt{1\,(24,7^2 - 17^2)} = 0,17\,m$ ergibt sich die Fläche F zu $\pi\,(1^2 - 0,17^2) = 3,05$ und hieraus errechnet sich c zu $8,5 + \sqrt{\dfrac{17^2}{4} + \dfrac{75 \cdot 8}{3,05}} = 24,8$, zu welchem Wert dann eine Steigung von $h = 1,48\,m$ gehört.

17. Entgegen den bisherigen Methoden wendet D r z e w i e c k i einen konstanten Einfallwinkel an und zwar nimmt er über den ganzen Flügel den einmal als günstig erkannten Luftstosswinkel ε an. Dies ist natürlich nur möglich, wenn die Steigung veränderlich angeordnet wird. D r z e w i e c k i geht zunächst von einem Normalpropeller aus, dem er als Längengrösse oder Modul folgenden Wert zugrunde legt:

$$\mathfrak{M} = \frac{v}{\omega} = r \cdot \left(\frac{v}{r \cdot \omega}\right) = \text{(nach Fig. 12)}\, \frac{r}{\text{tg}\,(\beta + \varepsilon)}. \quad 43)$$

Es möge hier an dieser Stelle gleich darauf hingewiesen werden, dass schon T a y l o r und R e i s s n e r die Annahme als unrichtig hingestellt haben, dass der Propeller einen günstigsten Wirkungsgrad ergibt, dessen einzelne Elemente besonders günstig arbeiten. Trotzdem hat die D r z e w i e c k i sche Methode den grossen Vorteil der Einfacheit und leichten Übersichtlichkeit. Unter Hineinbeziehung der Reibung an den Flügeln ergibt sich nach Fig. 14 die Nutzarbeit zu:

$$Q \cdot v\, [\sin\,(\beta + \varepsilon) - \mu \cdot \cos\,(\beta + \varepsilon)], \quad 44)$$

die eingeleitete Arbeit jedoch zu:

$$Q \cdot v\, [\cos\,(\beta + \varepsilon) + \mu \cdot \sin\,(\beta + \varepsilon)] \cdot \text{tg}\,(\beta + \varepsilon), \quad 45)$$

so dass sich ein Wirkungsgrad von

$$\eta = \frac{\text{tg}\,(\beta + \varepsilon) - \mu}{[1 + \mu \cdot \text{tg}\,(\beta + \varepsilon)] \cdot \text{tg}\,(\beta + \varepsilon)} \quad \text{siehe 22)} \quad 46)$$

errechnet. Das Wirkungsgradmaximum erhalten wir nach einigen Vereinfachungen bei dem Wert für $\text{tg}^2(\beta + \varepsilon) - 2 \cdot \mu \cdot \text{tg}(\beta + \varepsilon) = 0$, woraus sich

$$\text{tg}\,(\beta + \varepsilon)_{\text{max}} = \mu + \sqrt{\mu^2 + 1} \quad 47)$$

ergibt und endlich η_{max} selbst zu

$$\eta_{\text{max}} = \frac{1}{[\mu + \sqrt{\mu^2 + 1}]^2} \quad 48)$$

folgt. Der Nenner dieses Bruches besteht nun aus dem Quadrat des Wertes von $\text{tg}\,(\beta + \varepsilon)$ also

$$\eta_{\text{max}} = \frac{1}{\text{tg}^2\,(\beta + \varepsilon)_{\text{max}}}; \quad 49)$$

hieraus lässt sich leicht folgern, dass $\text{tg}^2(\beta + \varepsilon)_{\text{max}}$ sich 1 nähern muss, wenn auch der Wirkungsgrad sein Maximum erreicht, folglich wird auch tg $(\beta + \varepsilon)_{max}$ angenähert $= 1$. Der maximale Wirkungsgrad des Flügels liegt also auf dem Teil desselben, für den tg $(\beta + \varepsilon) = 1$ d. h. $(\beta + \varepsilon)$ selbst gleich etwa 45⁰ wird. Wie wir nun in Fig. 15 gesehen haben, sinkt die Kurve der maximalen η-Werte in ihrer Abhängigkeit von μ mit wachsendem μ verhältnismässig schnell und nähert sich asymptotisch der Abszissenachse: aus diesem Grunde ist es notwendig, μ klein zu halten und nach vorigem findet Drzewiecki mit Berücksichtigung der Reibungswiderstände $\mu = \sim \frac{1}{20}$ oder $\varepsilon = 1^{0} 50'$. Dieser Wert ist wohl zu klein; wir haben daher mit Berücksichtigung der Föpplschen Versuche $\varepsilon = 2^{0} 40 - 3^{0}$ entsprechend $\mu = 0,065$ gefunden, was auch mit den Reissnerschen Annahmen gut übereinstimmt.

Das Wesentliche der Drzewieckischen Theorie ist nun, dass der so gefundene Winkel ε (also auch der Wert für μ) für den ganzen Flügel konstant gehalten werden muss. Trägt man nun die einzelnen η-Werte abhängig von μ auf, so findet man eine ganz ähnliche Kurve, wie wir sie in Fig. 13 bereits kennen gelernt haben; für alle Werte von r, die kleiner sind als $\mu . \mathfrak{M}$, wird der Wirkungsgrad negativ; aber auch schon bei r $= \sim 0,4 . \mathfrak{M}$ hat der Wirkungsgrad einen recht kleinen Wert, daher nimmt die erwähnte Theorie als nutzbare Flügelfläche nur die Teile von r $= 0,5 \mathfrak{M}$ bis r $= 5 \mathfrak{M}$, wodurch alle nicht günstigen Teile ausgeschaltet werden. Unter diesen Verhältnissen ergibt sich folgendes Bild:

	r $= 0,5 . \mathfrak{M}$	1 $\mathfrak{M}$	2 $\mathfrak{M}$	3 $\mathfrak{M}$	4 $\mathfrak{M}$	5 $\mathfrak{M}$
$\mu = 0,05$	η $= 0,88$	0,905	0,886	0,85	0,823	0,792
$\mu = 0,1$	$= 0,762$	0,818	0,792	0,744	0,696	0,653

Ist also der Modul aus dem Verhältnis $\frac{v}{\omega}$ festgelegt, so bestimmt sich der Durchmesser zu

$$d = 2 . r = 10 . \mathfrak{M} \qquad 50)$$

und die Steigung errechnet sich zu

$$h = \frac{2 . r . \pi}{tg \beta} = 2 . r . \pi . \frac{\mathfrak{M} + r . tg \varepsilon}{r - \mathfrak{M} . tg \varepsilon} \qquad 51)$$

also für:

$r = 0{,}5\,\mathfrak{M}$	$1\,\mathfrak{M}$	$2\,\mathfrak{M}$	$3\,\mathfrak{M}$	$4\,\mathfrak{M}$	$5\,\mathfrak{M}$
$\varepsilon = \sim 1^{0}\,50'$ $\mathrm{h} = 6{,}905.\mathfrak{M}$	$6{,}685.\mathfrak{M}$	$6{,}781.\mathfrak{M}$	$6{,}945.\mathfrak{M}$	$7{,}131.\mathfrak{M}$	$7{,}318.\mathfrak{M}$
$\varepsilon = \sim 3^{0}$ $\mathrm{h} = 7{,}191\,\mathfrak{M}$	$6{,}933\,\mathfrak{M}$	$7{,}115\,\mathfrak{M}$	$7{,}381.\mathfrak{M}$	$7{,}692.\mathfrak{M}$	$8{,}004.\,\mathfrak{M}$

Wie wir schon vorher feststellten, muss die Steigung veränderlich werden: es ist jetzt noch von Interesse, die kleinste Steigung h_{min} festzulegen.

Diese kleinste Steigung ergibt sich zu

$$\mathrm{h}_{min} = 2\,\pi\,.\,\mathfrak{M}\,.\,[\operatorname{tg}\varepsilon + \sqrt{\operatorname{tg}^2\varepsilon + 1}]^2 \qquad 52)$$

sie ist also nur bei einem Radius von $\mathrm{r}_{min} = \mathfrak{M}\,(\operatorname{tg}\varepsilon + \sqrt{\operatorname{tg}^2\varepsilon + 1})$ vorhanden. Nun ist aber nach Gleichung 13) der Wirkungsgrad

$$= \frac{\text{Fahrgeschwindigkeit}}{\text{Schraubengeschwindigkeit}}\,;\quad \eta = \frac{v}{\dfrac{\omega\,.\,\mathrm{h}}{2\,\pi}}\,;$$

also ist $\eta\,.\,\mathrm{h} = 2\,\pi\,.\,\dfrac{v}{\omega} =$ Konstanz, nimmt also h seinen kleinsten Wert an, so muss nach dieser Bedingung der Wirkungsgrad am grössten werden; also liegt die kleinste Steigung bei einem günstigsten Winkel $\beta = 45^{0} - \dfrac{\varepsilon}{2} = \sim 43^{0}$.

Die Flügelbreite wird mit ziemlich umständlichen Formeln abgeleitet, indem eine Integration unendlich schmaler Flügel erfolgt und nun eine Übereinstimmung mit Versuchsresultaten herbeigeführt wird, wobei schliesslich als zweckmässiges Verhältnis von Breite zur Flügellänge $\dfrac{\mathrm{b}}{\mathrm{r} - \mathrm{r}_1} = \dfrac{1}{6}$ resultiert. Nun ist aber $\mathrm{r} - \mathrm{r}_1 = \dfrac{v}{2\,.\,\pi\,.\,\mathrm{n}'}\,.\,[\operatorname{tg}(\beta_1 + \varepsilon) - \operatorname{tg}(\beta_0 + \varepsilon)]$ und für die äussersten Winkel von $\operatorname{tg}(\beta_1 + \varepsilon) = 5$ und $\operatorname{tg}(\beta_0 + \varepsilon) = 0{,}5$, entsprechend $\mathrm{r} = 5\,\mathfrak{M}$ und $\mathrm{r}_1 = 0{,}5\,\mathfrak{M}$ wird

$$\mathrm{r} - \mathrm{r}_1 = \frac{v}{\mathrm{n}'}\,.\,0{,}717. \qquad 53)$$

Theoretisch wurde die Form abgeleitet: $\mathrm{b} = 298{,}5\,.\,\dfrac{\mathrm{N}\,.\,\mathrm{n}'}{\mathrm{z}\,.\,v^4}\,;$

wird nun b durch $\mathrm{r} - \mathrm{r}_1$ dividiert, so gibt dies den neuen

Wert $\dfrac{b}{r-r_1} = 416.8 \dfrac{N \cdot n'^2}{z \cdot v^5}$. Wenn nun berücksichtigt wird, dass

$\dfrac{b}{r-r_1} = \dfrac{1}{6}$ ist, so folgt $1 = 2500 \dfrac{N \cdot n'^2}{z \cdot v^5}$ oder

$$z = 2500 \cdot \dfrac{N \cdot n'^2}{v^5} . \qquad 54)$$

Mit dieser Beziehung, der Drzewiecki den Namen Kompatibilitätsgleichung gibt, wird die Anzahl der Flügel festgelegt. Erhält man beim Rechnen für z eine unganze Zahl oder aber ist sie zu gross, so muss bei einer Korrektionsrechnung eine Änderung der Flügellänge oder -breite eintreten, wodurch der Normalflügel in einen nicht normalen Flügel übergeht.

Kehren wir nochmals kurz zu der theoretisch gefundenen Bestimmungsgleichung zurück $b = \dfrac{298,5 \cdot N \cdot n'}{z \cdot v^4}$ und dividieren diese durch $\mathfrak{M} = \dfrac{v}{2 \cdot \pi \cdot n'}$, so ergibt sich $\dfrac{b}{\mathfrak{M}} = 1875 \dfrac{N \cdot n'^2}{z \cdot v^5}$; setzen wir nun $z = 2500 \cdot \dfrac{N \cdot n'^2}{v^5}$, so erhalten wir $\dfrac{b}{\mathfrak{M}} = \dfrac{1875}{2500} = 0,75$; die konstante Flügelbreite folgt also zu

$$b = 0,75 \cdot \mathfrak{M} . \qquad 55)$$

Wird aus irgend welchen Gründen die oben aufgestellte Kompatibilitätsgleichung nicht erfüllt, so wird z mit einem Reduktionsfaktor q multipliziert. Hat man dann z passend gewählt, so ergibt sich dadurch eine Änderung der Flügellänge, dass $\dfrac{b}{\mathfrak{M}}$ ebenfalls mit diesem Koeffizienten multipliziert werden muss; die Theorie geht dabei von dem Grundsatz aus, dass das einmal als günstig erkannte Verhältnis von $\dfrac{b}{r-r_1} = \dfrac{1}{6}$ nach Möglichkeit angestrebt werden soll. Aus folgender kleinen Tabelle lässt sich $\dfrac{b}{r-r_1}$ stets angenähert so wählen, dass sein Produkt mit dem angenommenen q gleich $\sim \dfrac{1}{6}$ wird.

$r =$ bis zu $5 . \mathfrak{M}$ $6 \, \mathfrak{M}$ $7 \, \mathfrak{M}$ $8 \, \mathfrak{M}$

$b = \quad 0{,}75 . \mathfrak{M} \quad 0{,}427 . \mathfrak{M} \quad 0{,}275 . \mathfrak{M} \quad 0{,}173 . \mathfrak{M}$

$$\frac{b}{r - r_1} = \frac{1}{6} \qquad \frac{1}{13} \qquad \frac{1}{25} \qquad \frac{1}{44}$$

Wird z. B. $q = 4$ angenommen, so muss, um der vorgenannten Bedingung $\dfrac{b}{r - r_1} . q = \dfrac{1}{6}$ zu genügen, $\dfrac{b}{r - r_1} = \dfrac{1}{24}$ werden; dem entspricht nach der Tabelle eine Flügelbreite von $0{,}275 \, \mathfrak{M}$ und ein Radius von $7 . \mathfrak{M}$.

Allgemein geschrieben lautet Gleichung 54)

$$z = k . \frac{N . n'^2}{v^5} \qquad\qquad 54\,a)$$

und zwar lässt sich k mit einiger Annäherung durch $k = \dfrac{4960000}{\alpha^{4,3}}$ ausdrücken, worin α das Verhältnis $\dfrac{r}{\mathfrak{M}}$ bedeutet. Eliminiert man nun aus den beiden Gleichungen $\mathfrak{M} = \dfrac{v}{2 . \pi . n'}$ und $\alpha = \dfrac{r}{\mathfrak{M}}$ den Modul $\mathfrak{M}$ und setzt den so gefundenen Wert in die vorerwähnte Kompatibilitätsgleichung ein: $z = k . \dfrac{N . n'^2}{v^5}$, so erhält man einen neuen Ausdruck für die Flügelzahl

$$z = \frac{4960000}{\alpha^{4,3}} . \frac{N . n'_2}{v^5}, \qquad\qquad 54\,b)$$

der nun von dem Ingenieur C a m u s dazu benutzt wird, eine graphische Rechentafel anzulegen, aus der sich bei gegebenen Grössen die übrigen leicht ermitteln lassen.

Vorher ein paar kurze Worte über die Methode dieser graphischen Rechentafeln, die in Frankreich sehr verbreitet sind und sich gerade für den vorliegenden Zweck als sehr brauchbar erweisen: Erstlich sind sie von jedermann ohne grosse Schwierigkeiten zu benutzen, dann aber zeigen sie auch (wie wir gleich sehen werden) bei einiger Erfahrung und dem nötigen konstruktiven Gefühl sogleich die Wege, auf denen eine etwaige Änderung zweckmässig vorzunehmen ist.

Graphische Rechentafeln können auf dreierlei Weisen angelegt werden:

1. dadurch, dass in einem Koordinatensystem eine Schar von Kurven festgelegt wird, deren Schnittpunkt mit einer bestimmten Ordinate und Abszisse der Lösung der Gleichung entspricht;

2. dadurch, dass auf einem System nicht paralleler Linien gleichmässige Skalen entsprechend den Werten der einzelnen Bestimmungsgrössen aufgetragen werden und die durch eine Schnittgerade abgeteilten Strecken die Lösung der Aufgabe herbeiführen;

3. durch Ersatz der gleichmässigen Skala der vorigen Methode durch eine logarithmische Skala, die dann zu einem parallelen Liniensystem führt.

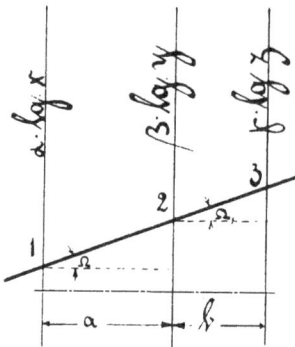

Fig. 17.
Erster Entwurf einer graphischen Rechentafel; 3 Variable.

Die letztere Methode ist hauptsächlich von d'Ocagne weiter ausgebaut worden und dient zur Lösung aller Gleichungen, die auf die Form $z = x^m \cdot y^n$ zu bringen sind; dabei können m und n jede beliebige, gebrochene oder ganze Zahl sein. Zunächst kann diese Gleichung auf die Form gebracht werden $\lg z = m \cdot \lg x + n \cdot \lg y$. Nun soll die Rechentafel so beschaffen sein, dass die auf drei parallele Geraden aufgetragenen Logarithmen $\lg z$, $\lg x$, $\lg y$ durch eine beliebig hindurchgezogene Gerade in Strecken abgeteilt werden, deren logarithmischer Wert der oben aufgestellten Gleichung genügt. Der Abstand der parallelen Geraden sei zunächst zu a bezw. b angenommen, der Massstab der einzelnen Skalen sei durch den Faktor α, β, γ jeweils berücksichtigt; Fig. 17. Ist das der Fall, so müssen die Winkel Ω und Ω_1 einander gleich sein, also auch ihre Tangenten; demnach

$$\frac{\gamma \cdot \lg z - \beta \cdot \lg y}{b} = \frac{\beta \lg y - \alpha \cdot \lg x}{a} .$$

Hierdurch aber lassen sich die Abstände und Massstäbe, also die Koeffizienten α, β und γ festlegen.

$$a \cdot \gamma \cdot \lg z - (a + b)\,\beta \cdot \lg y + b \cdot \alpha \cdot \lg x = 0$$

$$\lg z - \frac{(a + b) \cdot \beta}{a \cdot \gamma} \cdot \lg y + \frac{b \cdot \alpha}{a \cdot \gamma} \cdot \lg x = 0;$$

die erste Gleichung war:

$$\lg z - n \cdot \lg y - m \cdot \lg x = 0,$$

folglich ist $\quad n = \dfrac{(a + b) \cdot \beta}{a \cdot \gamma}\quad$ und $\quad m = -\dfrac{b \cdot \alpha}{a \cdot \gamma}.$

Wird nun $a = 1$: $b = 2$ und $\alpha = 1$ gewählt, so erhalten wir:

$$u = \frac{3 \cdot \beta}{\gamma}; \quad m = -\frac{2}{\gamma}; \quad \gamma = -\frac{2}{m}; \quad \beta = -\frac{2}{3} \cdot \frac{n}{m}; \quad \alpha = 1.$$

Ist so die Möglichkeit der Aufstellung derartiger Rechentafeln allgemein angedeutet, so liegt der Hauptwert derselben doch eigentlich erst in folgendem weiteren Ausbau. Die Tafeln gestatten nämlich auch die Lösung von Gleichungen der Form $u = x^m y^n z^p$. (Es soll noch darauf hingewiesen werden, dass m, n und p jede beliebige Zahl, also auch negativ sein kann, weshalb sich auch Gleichungen der Art $u = \dfrac{x^m\,y^n}{z^p}$ leicht auf die Form $u = x^m \cdot y^n \cdot z^{-p}$ bringen lassen und so ebenfalls graphisch zu lösen sind.) In der Gleichung

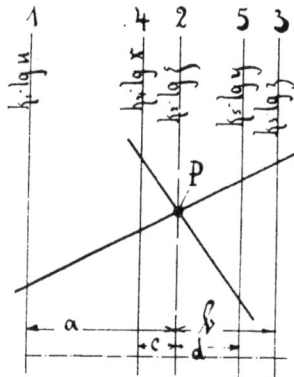

Fig. 18.
Rechentafel für 4 Variable.

$u = x^m \cdot y^n \cdot z^p$ wird nämlich $x^m \cdot y^n = \zeta$ gesetzt und nun wie vorhin verfahren. Wir tragen uns also wieder die Ausdrücke $\lg u$, $\lg \zeta$ und $\lg z$ auf den drei im Abstand a bezw. b voneinander stehenden Geraden ab und müssten nun zwei neue Geraden in einem noch festzusetzenden Abstand zeichnen, von denen die Werte $\lg x$ und $\lg y$ mit dem Schnittpunkt P wieder auf einer Geraden liegen sollen; Fig. 18. Wenn aber nur dies auszuführen ist, so hat der absolute Wert von $\lg \zeta$ für uns überhaupt kein Interesse; wir brauchen ihn deshalb auch gar nicht zu

errechnen und auf 2 abzutragen; und darin liegt der grosse
Vorteil dieser Konstruktion. Zum Anlegen einer solchen
Rechentafel wird der Ausdruck $w = \frac{u}{z} \cdot z^p$ gebildet, dann wie
vorhin angedeutet der Massstab von lg u, lg z festgelegt,
dann die drei Geraden 1, 2 und 3 im rechten Abstand
gezogen und nun durch Auflösung des Hilfsausdrucks
lg ζ = m lg x + n lg y der Massstab von 4 und 5 sowie ihr
richtiger Abstand c und d festgelegt. Die hiermit fertige Tafel
wird nun so benutzt: nach den gegebenen Werten von u und z
wird durch eine gerade Linie der Schnittpunkt mit 2 gesucht
und der gesuchte Wert von lg y ist nun der Punkt, in welchem
die Verlängerungslinie des gegebenen Wertes von lg x mit dem
Schnittpunkt P die Gerade 5 schneidet. Dieses Verfahren der
Zusammenziehung zweier Grössen in eine Hilfsgrösse unter Benutzung **nicht eingeteilter** Hilfsgeraden lässt sich nun
beliebig fortsetzen und auf diese Weise ist es möglich, selbst
komplizierte Ausdrücke graphisch zu lösen.

Unter Zugrundelegung der beiden Formeln $n'^2 = \dfrac{z \cdot \alpha^{4.3} \cdot r^5}{4960000 \cdot N}$

und $d = \dfrac{\alpha \cdot v}{\pi \cdot n'}$, also $d^2 = \dfrac{4960000 \cdot N}{z \cdot \pi^2 \cdot \alpha^{2.3} v^3}$ und mit Berücksichtigung

obenerwähnter Methode hat nun C a m u s die in Fig. 19 wieder-
gegebene graphische Tafel entworfen, die allerdings nur für

eine konstante Flügelbreite von $\dfrac{b}{r - r_1} = \dfrac{1}{6}$ für Schrauben nach

der Drzewieckischen Methode gilt. Die Geraden 1 bis 7
werden zur Bestimmung des Durchmessers benutzt, die Geraden
5 bis 11 zur Ermittlung der Tourenzahl; jedoch lässt sich auch
umgekehrt verfahren. Die Benutzung der Tafel illustriert am
besten folgendes Beispiel: N = 50 PS, r = 20 m/Sek. Zunächst
wird eine Flügelzahl z = 2 angenommen und nun Punkt 2 auf
7 [1]) mit Punkt 50 auf 6 verbunden; der Schnittpunkt auf 5
wird dann mit 20 auf 8 verbunden und bis 11 verlängert.

Eine normale Schraube hat ein Verhältnis $\alpha = \dfrac{r}{\mathfrak{M}} = 5$; wird

---

1) Die unterstrichenen Zahlen bedeuten die betreffende Gerade.

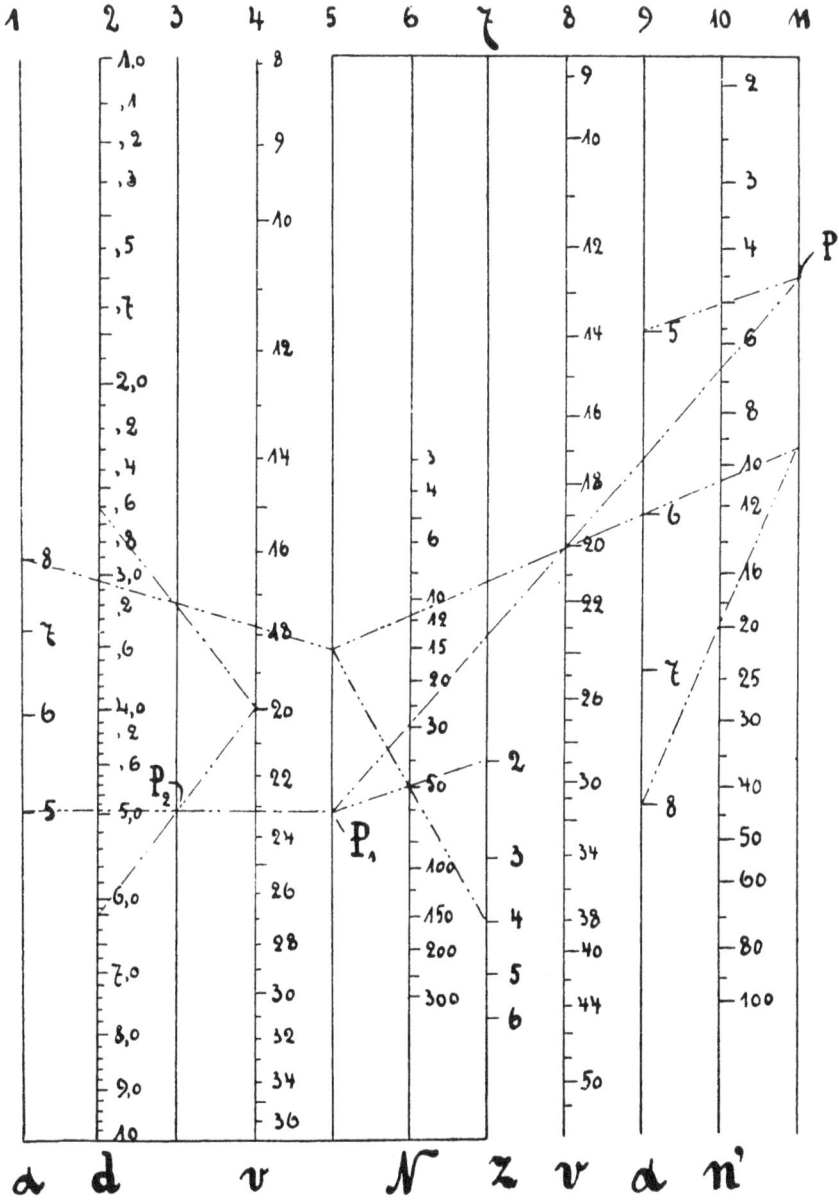

Fig. 19.

Nomogramm zur Ermittlung von Luftschrauben-Abmessungen nach Ingenieur Camus.

nun P mit Punkt 5 auf 9 verbunden, so wird auf 10 eine
Tourenzahl von rund 5 Umdrehungen pro Sek. abgeteilt. $\overline{d}$ wird
nun in der Weise ermittelt, dass der Schnittpunkt P_1 auf $\overline{5}$ mit
Punkt 5 auf $\underline{1}$ (identisch mit Punkt 5 auf 9) verbunden wird
und nun durch den Schnittpunkt P_2 der Hilfsgeraden $\overline{3}$ mit
Punkt 20 (identisch mit Punkt 20 auf 8) eine Gerade $\overline{\text{gelegt}}$
wird, die auf $\underline{2}$ den Durchmesser $= \sim 6,2$ m abteilt, der
natürlich zu gross ist. Um d zu verringern, wird z und α
anders gewählt. Zunächst wird z = 4 angenommen, wodurch
sich bei einem $\alpha = 8$ Tourenzahl und Durchmesser zu n' = 20
und d = 2,6 m ergibt.

Nun ist $N . \eta = \dfrac{P . v}{75}$ und durch passende Umformung der
beiden Ausdrücke für d^2 und n'^2 lässt sich folgende kleine
Tabelle aufstellen:

$$\alpha = 5 \qquad 6 \qquad 7 \qquad 8$$
$$\eta = 0,78 \qquad 0,76 \qquad 0,73 \qquad 0,71$$

Für unser Beispiel wird der Wirkungsgrad bei der zweiten
Schraube also entsprechend kleiner und auch der Schub geht
von $P = \dfrac{75 . N . \eta}{v} = 146$ kg auf 133 kg zurück. Aus diesem
kurzen Überblick ist schon zu ersehen, dass bei Benutzung
dieser Tafel sofort jede einzelne Annahme in ihren Folgen klar
zutage tritt; man sieht, wenn z. B. der Durchmesser zwischen
den Grenzen 2,6 und 6,2 m angenommen wird, dass entweder
die Flügelzahl oder die Motorleistung oder die Tourenzahl in
entsprechender Weise verändert werden müssen. Das ist der
grosse Nutzen dieser Tafeln, wodurch sie sich von den Rech-
nungsmethoden unterscheiden, dass man sofort erkennen kann:
wenn eine Grösse nach dieser Richtung hin geändert wird.
müssen die übrigen wachsen oder umgekehrt: dadurch wird
manche unnütze Rechnung erspart.

Für unser erstes Beispiel mit $N = \sim 50$ PS, $v = 16$ ergibt
sich bei 4 Flügeln und einem $\alpha = 5$ der Durchmesser und die
Tourenzahl zu d = 6 m und n' = 4,2, während der Schub
P = 182 kg wird. Um einen kleineren Durchmessr zu erhalten.

muss α verändert werden, wodurch $n' = 6$, $d = 4,9$ und $P = 178$ kg wird.

Legen wir dasselbe Beispiel der Berechnungsmethode von Drzewiecki zugrunde, so ergibt sich zunächst $\mathfrak{M}$ zu $\dfrac{r}{\omega}$ $= \dfrac{16}{28,25} = 0,565$, und bei $d = 10 . \mathfrak{M}$ erhalten wir einen Durchmesser von $d = 5,65$ m. Der Nabenradius wird dann: $r_1 = 0,565$ m. Die kleinste Steigung $h_{min} = 2 . \pi . \mathfrak{M} . \left[\operatorname{tg} \varepsilon + \sqrt{\operatorname{tg}^2 \varepsilon + 1}\right]^2 = 2 . \pi . 0,565 . \left[\operatorname{tg} 3^0 + \sqrt{\operatorname{tg}^2 3^0 + 1}\right]^2 = \sim 4$ m, sie liegt bei einem Radius: $r_{min} = \mathfrak{M} (\operatorname{tg} \varepsilon + \sqrt{\operatorname{tg}^2 \varepsilon + 1}) = 0,565 (\operatorname{tg} 3^0 + \sqrt{\operatorname{tg}^2 \varepsilon + 1}) = \sim 0,6$ m. Die Steigung am Umfang wird $h_r = \dfrac{2 . r . \pi . (\mathfrak{M} + r . \operatorname{tg} \varepsilon)}{r - \mathfrak{M} . \operatorname{tg} \varepsilon} = \dfrac{5,65 . \pi (0,565 + 2,83 . 0,053}{2,83 - 0,565 . 0,053} = 4,54$ m. Die Flügelbreite errechnet sich zu $0,75 . \mathfrak{M} = b = 0,75 . 0.565 = 0,42$ m und bei einem η von $0,78$ wird $N = \dfrac{P . r}{\eta . 75} = \dfrac{150 . 16}{0,78 . 75} = \sim 45 - 50$ PS. Die so erhaltenen Werte müssen nun zur Kontrolle und zur Ermittlung der Flügelzahl in die Kompatibilitätsgleichung 54) eingeführt werden.

$$z = \frac{2500 . N . n'^2}{v^5} = \frac{2500 . 50 . 4,5^2}{16^5} = \sim 2,4.$$

Weil z nicht als ganze Zahl resultiert, muss eine Korrektion vorgenommen werden; also $q . z = 2,4$. z wird zu 4 angenommen, dann ergibt sich $q = 0,6$ und daraus folgt, wenn der Aussenradius nicht geändert wird, eine Reduktion der Flügelbreite auf $b = 0,75 . \mathfrak{M} . 0,6 = 0,75 . 0,565 . 0,6 = \sim 0,26$ m.

Um zu zeigen, wie die Formeln und Tabellen bei nicht normalen Flügeln zu benützen sind, sei $N = 100$ PS, $v = 14$, $n = 360$, $n' = 6$ angenommen. $\mathfrak{M}$ ist dann $= \dfrac{r}{\omega} = \dfrac{14}{37,7} = 0,371$ m. $q . z = \dfrac{2500 . N . n'^2}{v^5} = \dfrac{2500 . 100 . 6^2}{14^5} = 16,73$. Mehr als 4 Flügel sind bei Triebschrauben nicht üblich, also wird $q = 4,2$ und nach $\dfrac{b}{r - r_1} . q = \dfrac{1}{6}$, folgt $\dfrac{b}{r - r_1} = \sim \dfrac{1}{25}$.

Für diesen Wert lässt sich aus der Tabelle r = 7 . $\mathfrak{M}$ = 7 . 0,371 = 2,597 m und die wirkliche Breite q . b zu 0,275 $\mathfrak{M}$. q = 0,427 m ablesen. r_1 = 0,5 . $\mathfrak{M}$ = 0,186 m und die Steigung wird für:

$$r = \quad 0,186 \quad 0,371 \quad 2,597 \text{ m}$$
$$\mathfrak{M} = \quad 2,53 \quad 2,48 \quad 2,862 \text{ m}.$$

In der letzten Zeit hat Drzewiecki unter Verwendung der neuesten Eiffelschen Versuche die Kompatibilitätsbedingung noch etwas umgeformt, indem er sie auf den Ausdruck bringt

$$q_\varepsilon^\alpha = \frac{z . \alpha^{4,1} . v^5}{N . n'^2},$$ worin α wie vorhin das Verhältnis $\frac{r}{\mathfrak{M}}$; ε aber

den Einfallswinkel bedeutet. Durch Berücksichtigung von

$$d = 2 . \mathfrak{M} . \alpha, \quad \mathfrak{M} = \frac{r}{\omega} = \frac{r}{2 . \pi . n'}: \quad d = \frac{\alpha . r}{\pi . n'}; \quad \alpha = \frac{\pi . n' . d}{r}$$

bringt er den Ausdruck auf die Form

$$q_\varepsilon^\alpha = \frac{z . d^{4,1} . \pi^{4,1} . n'^{2,1} . r^{0,9}}{N}, \qquad 56)$$

wie sie nun mit Zuhilfenahme einiger Tabellen ohne weiteres zur Ermittlung der Propellerabmessungen benutzt werden kann. Es ist z. B. für ein Flugzeug ein 60 pferdiger Motor mit 800 Minutenumdrehungen vorhanden, der ihm eine Geschwindigkeit von v = 20 $^m/_{Sek}$ verleihen soll, während der Schraubendurchmesser 2,9 m nicht überschreiten darf. Die Flügelabmessung und der Flügelwinkel wird nun ermittelt durch:

$$q_\varepsilon^\alpha = \frac{z . d^{4,1} . \pi^{4,1} . n'^{2,1} . r^{0,9}}{N} = \frac{2 . 2,9^{4,1} . 109 . 13,33^{2,1} . 20^{0,9}}{60} = 977000,$$

wobei z = 2 gewählt ist. Für die Tabellenbenutzung muss α

noch ermittelt werden; $\mathfrak{M} = \frac{r}{2 . \pi . n'} = \frac{20}{2 . \pi . 13,33} = 0,2387;$

$\alpha = \frac{r}{\mathfrak{M}} = \frac{1,45}{0,2387} = 6,074.$ In nachstehenden Tabellen hat Drzewiecki nun für ein beiderseits gewölbtes Profil die Werte von η und q_ε^α zusamengestellt und zwar nach den Eiffelschen Versuchen: $q_\varepsilon^\alpha = q_6^3$ bedeutet den Wert von q in der Rubrik α = 3 und ε = 6, also den Wert: 843300.

$\alpha =$	3	4	5	6	7	8	9	10
$\varepsilon = 4^0 \left\{ \eta = \right.$	0,791	0,759	0,727	0,697	0,669	0,643	0,619	—
$\left. q \right.$	1 006 800	1 026 200	1 021 800	1 006 600	984 000	959 400	935 500	909 400
$\varepsilon = 5^0 \left\{ \eta = \right.$	0,784	0,750	0,718	0,687	0,658	0,632	0,608	—
$\left. q \right.$	915 700	928 400	924 900	909 200	887 800	864 400	840 700	817 400
$\varepsilon = 6^0 \left\{ \eta = \right.$	0,775	0,740	0,707	0,676	0,647	0,620	0,595	—
$\left. q \right.$	843 300	854 900	849 800	834 500	813 000	790 500	768 400	745 500
$\varepsilon = 7^0 \left\{ \eta = \right.$	0,764	0,728	0,694	0,663	0,634	0,606	0,581	—
$\left. q \right.$	786 100	794 900	787 700	771 300	749 900	727 800	705 700	684 200
$\varepsilon = 8^0 \left\{ \eta = \right.$	0,750	0,715	0,680	0,647	0,617	0,590	0,565	—
$\left. q \right.$	735 900	742 900	733 900	717 500	695 800	641 000	652 400	631 300

In der Rubrik $\alpha = 6$ wird nun der 977 000 zunächst liegende Wert von q gesucht, für den sich ein Einfallswinkel $\varepsilon = 4-5^0$ ergibt. Wir wählen $\alpha = 4^0$ und müssen nun den Flügel ein wenig verbreitern. Die normale Breite ist $b = \sim \dfrac{r}{6}$ und der

Reduktionsfaktor ist $m = \dfrac{q_{\varepsilon_1}^{\alpha_1}}{q_\varepsilon^\alpha} = \dfrac{q_4^{6,074}}{q_5^\alpha}$. $q_4^{6,074}$ liegt in der Tabelle

zwischen $q_4^6 = 1 006 600$ und $q_4^7 = 984 000$, es errechnet sich

zu 1 004 928, wodurch $m = \dfrac{1 004 928}{977 000} = 1,028$ wird. Darnach

bestimmt sich die wirkliche Breite zu: $b = \dfrac{r \cdot m}{6} = \dfrac{1,45 \cdot 1,028}{6}$

$= 0,249$. η ist nach der Tabelle etwa $= 0,69$ zu erwarten.

Im Fall der Schraubendurchmesser nicht durch die Fahrgeschwindigkeit bestimmt ist, kann man obige Kompatibilitätsbedingung zweckmässig so benutzen, dass man eine Flügelform wählt, die am geeignetsten erscheint und dann zuerst provisorisch einen Mittelwert von q_ε^α annimmt, mittelst dessen man α bestimmt; hierdurch legt man q_ε^α genau fest und erhält so das Verhältnis der Länge zur Breite exakt.

Kehren wir nochmals zu unserem ersten Beispiel zurück, so war dort gegeben $N = 60$, $n' = 4,5$, $v = 16$ und den Durchmesser hatten wir zwischen 4 und 5 m gefunden. Wählen wir $d = 4{,}3$ $z = 4$, so ergibt sich: $q_\varepsilon^\alpha = \dfrac{4 \cdot 4 \cdot 3^{4,1} \cdot \pi^{4,1} \cdot 4{,}5^{2,1} \cdot 16^{0,9}}{50}$

$= \sim 1\,008\,000$ $\alpha = \dfrac{r}{\mathfrak{M}}$; $\mathfrak{M} = \dfrac{v}{2 \cdot \pi \cdot n'} = \dfrac{16}{2 \cdot \pi \cdot 4{,}5} = 0{,}568$

$\alpha = \dfrac{2{,}15}{0{,}568} = 3{,}8$; wir nehmen die Rubrik $\alpha = 4$ und finden

dort passende Werte für q_ε^4 bei $\varepsilon = 4^0$ und 5^0; gewählt wird $\varepsilon = 4^0$, für welchen Wert jetzt die Flügelbreite zu ermitteln ist. $q_4^{3,8}$ liegt in der Tabelle zwischen $q_4^3 = 1\,006\,800$ und $q_4^4 = 1\,026\,200$; die Differenz ist $19\,400$; um $q_4^{3,8}$ zu erhalten, muss $1\,006\,800$ um $19\,400 \cdot 0{,}8$ vergrössert werden, das gibt:

$1\,006\,800 + 15\,520 = 1\,022\,320$.   Daraus folgt m zu $\dfrac{1\,022\,320}{1\,008\,000}$

$= 1{,}015$ und b wird dann: $\dfrac{r \cdot m}{6} = \dfrac{2{,}15 \cdot 1{,}015}{6} = \mathbf{0{,}36}$ m und

$\eta = \sim \mathbf{0{,}76}$.

18. Eine weitere Berechnungsart, die sich durch Einfachheit und grosse Übersichtlichkeit auszeichnet, ist die von E b e r - h a r d t vorgeschlagene. Sie geht, wie unter 13 erwähnt, eben- falls von der Flügelblattheorie aus und erhält Schub und Drehmoment durch Integration über die zur Verfügung stehende Flügelfläche, allerdings ohne Berücksichtigung der Reibungsver- luste. Besonders zweckmässig erweist sich das Produkt aus Flügelbreite und Zahl der Flügel; hat man z. B. nach der F e r b e r schen Methode (weil diese die Reibung mitberück- sichtigt) Durchmesser und Steigung ermittelt, so lässt sich nach E b e r h a r d t ansetzen:

$$P = .z.b. \frac{\gamma}{g} \cdot \frac{\pi \cdot n}{3600} \cdot \left(r^2 - r_1^2 - a^2 \cdot \ln \frac{r^2 + a^2}{r_1^2 + a^2} \right) \cdot (h \cdot n - 60 \cdot v),\quad 57)$$

wobei $a = \dfrac{h}{2 \cdot \pi}$ ist. Für unser Beispiel ergab sich für $P = 150$,

$v = 16$, $n = 270$, nach F e r b e r: $\begin{matrix} d = 5 & h = 5{,}65 \\ r = 2{,}5 & r_1 = 0{,}375 \end{matrix}$, so dass sich a jetzt bestimmt zu:

$a = \dfrac{5{,}65}{2 \cdot \pi} = 0{,}9$ und z . b zu:

$$z \cdot b = \frac{P \cdot 3600}{\dfrac{\gamma}{g} \cdot \pi \cdot u \cdot \left(r^2 - r_1{}^2 - a^2 \cdot \ln \dfrac{r^2 + a^2}{r_1{}^2 + a^2}\right) \cdot (h \cdot n - 60 \cdot v)}$$

$$= \frac{150 \cdot 3600}{\dfrac{1}{8} \cdot \pi \cdot 270 \left(2{,}5^2 - 0{,}375^2 - 0{,}9^2 \cdot \ln \dfrac{2{,}5^2 + 0{,}9^2}{0{,}375^2 + 0{,}9^2}\right)(5{,}65 \cdot 270 - 60 \cdot 16)}$$

$$= \frac{150 \cdot 3600}{\dfrac{1}{8} \cdot \pi \cdot 270 \cdot 4{,}5 \cdot 560} = 2{,}03.$$

Wird nun z zu 4 Flügeln gewählt, so ergibt sich die Flügelbreite zu $b = \dfrac{2{,}03}{4} = \sim 0{,}5$ m.

Die Zweckmässigkeit der Eberhardtschen Methode beruht aber noch auf etwas anderem. Bisher haben wir als Druckfläche stets eine ebene Fläche zugrunde gelegt; es liegt aber nahe, nach den Vorteilen, die sich bei den Tragdecks der Flugzeuge aus der Verwendung von gewölbten Flächen ergeben haben, auch ähnliche Wölbungen für die Schraubenprofile zugrunde zu legen. Es ist schon von Lilienthal und in neuerer Zeit auch von Föppl experimentell nachgewiesen

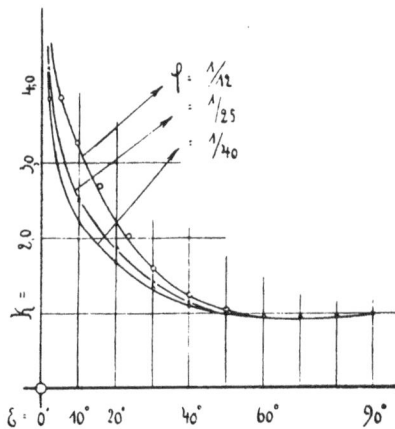

Fig. 20.

Wölbungskoeffizienten.

worden, dass gewölbte Platten bei ihrer Bewegung durch die Luft einen grösseren Normaldruck erhalten als gleich bemessene ebene Platten und dass sie bei einigen Neigungswinkeln sogar eine in die Bewegungsrichtung fallende aktive Vorwärtskomponente besitzen können. Eberhardt benutzt nun die Lilienthalschen Ergebnisse für seine Berechnungsmethode und führt als

Wölbungsgrad $\varphi = \dfrac{\text{Pfeilhöhe des Querschnitts}}{\text{Flügelbreite (auf der Sehne)}}$ sowie als Wölbungskoeffizient $k = \dfrac{\text{Reaktionskraft der gewölbten Platte}}{\text{Reaktionskraft d. gleich grossen ebenen Platte}}$

ein, so dass also $P_{\text{gewölbte Schr.}} = k \cdot P_{\text{ebene Schr.}}$ wird.

Die Wölbungskoeffizienten für die gebräuchlichen Wölbungen $\dfrac{1}{12}, \dfrac{1}{25}, \dfrac{1}{40}$ sind in Fig. 20 aufgetragen und zwar als Ordinaten

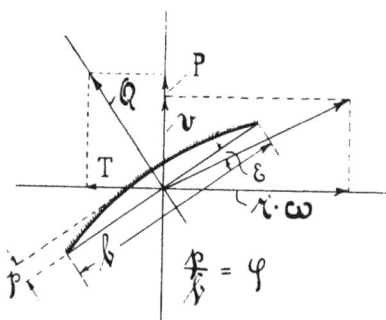

zu den zugehörigen Neigungswinkeln ε. Es ist jedoch auch hier zu beachten, dass stets die Reibung vernachlässigt wird. Die Wölbung ist dabei in der Weise gedacht, dass die Wölbungssehne an die Stelle der bisher eben gedachten Druckplatte tritt, so dass wir für den Querschnitt eines Flügelelements die Kräfteverteilung nach Fig. 21 erhalten.

Fig. 21.

Flächenelement der gewölbten Platte.

Die Kurven lassen sich nun am zweckmässigsten so verwenden, dass zunächst unter der Annahme ebener Druckfläche die Abmessungen der Schraube festgelegt werden, worauf dann eine Reduktion der Flügelbreite unter Berücksichtigung des Neigungswinkels ε, unter dem die Luft bei der normalen Fahrgeschwindigkeit das betreffende Element trifft, nach der Formel

$$b_w = \frac{b_e}{k} \qquad\qquad 58)$$

eintritt.

Wie wir nun oben gesehen haben, ändert sich der Einfallwinkel bei Schrauben mit konstanter, mathematischer Steigung mit wachsendem Radius; für derartige Schrauben muss daher ein mittlerer Neigungswinkel ε_m eingeführt werden, was auch für praktische Verhältnisse völlig ausreicht. In Fig. 22 sind für eine mathematische Schraube: $h = 4$ m, $n = 300$ die Neigungswinkel mit wachsendem Radius aufgetragen und man überzeugt sich leicht, dass bei den jetzt gebräuchlichen Fahrgeschwindigkeiten und gleichzeitiger Berücksichtigung, dass der der Achse zunächstliegende Teil wegen der Nabe ohnehin nicht benutzt wird, sich ein mittlerer Einfallwinkel ε_m mit genügender Näherung gut einführen lässt.

Nehmen wir für unser Beispiel $P = 150$, $n = 270$, $v = 16$, einmal $d = 5$ m, $r_1 = 0,3$ m, $h = 4,45$ m und $z = 4$ an, so berechnet sich b nach der Formel 57)

$$P = z \cdot b \cdot \frac{\gamma}{g} \cdot \frac{\pi \cdot n}{3600}\Big(h \cdot n - 60 \cdot v\Big)\Big(r^2 - r_1^2 - a^2 \cdot \ln \frac{r^2 + a^2}{r_1^2 + a^2}\Big)$$

$$\text{zu } b = \frac{150 \cdot 3600}{4 \cdot \frac{1}{8} \cdot \pi \cdot 270 \cdot \Big(4,45 \cdot 270 - 60 \cdot 16\Big)\Big(2,5^2 - 0,3^2 - 0,71^2}$$

$$\cdot \ln \frac{2,5^2 + 0,71^2}{0,3^2 + 0,71^2}\Big) = \frac{150 \cdot 3600 \cdot 8}{4 \cdot \pi \cdot 370 \cdot 240 \cdot 4,92} = 1,08 \text{ m, wobei}$$

$$a = \frac{h}{2 \pi} = \frac{4,45}{2 \pi} = 0,71.$$

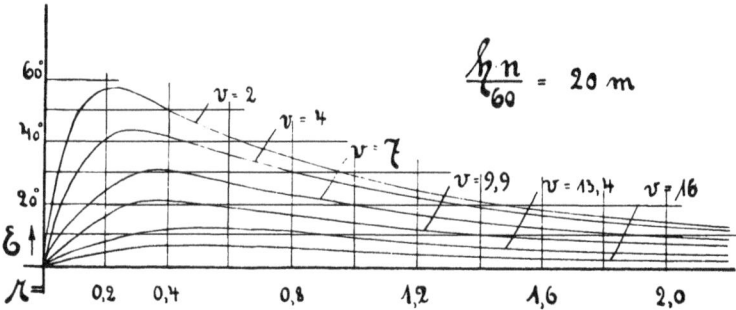

Fig. 22.

Wir wollen die Kurven von Fig. 22 für unser Beispiel hier verwenden, trotzdem ja die Umdrehungszahl bei gleichem Radius dort etwas grösser angenommen ist. Bei $v = 16$ m finden wir dort einen Mittelwert von $\varepsilon_m = 5^0$ und bei einem Wölbungsgrad von $\varphi = {}^1/_{40}$ ergibt sich nach Fig. 20 ein Wölbungskoeffizient von $k = 2,75$. Demnach muss die Flügelbreite nach Gl. 58) ausgeführt werden: $b_n = \frac{b_e}{k} = \frac{1,08}{2,75} = \sim 0,4$ m.

An dieser Stelle sei gleich noch ein Erfahrungswert mitgeteilt, den Eberhardt in seinem Buche bekannt gibt und der

Béjeuhr, Luftschrauben.   5 bei der Festlegung von Tourenzahl, Radius und Anzahl der Flügel wohl zu beachten ist, nämlich die Zeitdauer, die im Betriebe verstreicht, bis ein Flügel genau an die Stelle des vorangehenden Flügels tritt. Die Entfernung zweier Flügel voneinander ist offenbar

$$\frac{2 \cdot r \cdot \pi}{z} \; ; \qquad\qquad 59)$$

die zur Bestreichung des Bogenstückes notwendige Zeit

$$t = \frac{60}{n \cdot z} \qquad\qquad 59\,a)$$

und diese soll nach Eberhardts Erfahrungen $^1/_{20}$ Sekunde nicht unterschreiten. Für unser Beispiel ist die Entfernung

$$= \frac{2 \cdot \pi \cdot 2{,}5}{4} = 3{,}93 \text{ und } t = \frac{60}{270 \cdot 4} = 0{,}55, \text{ so dass also keine}$$

Bedenken gegen die Ausführung bestehen.

19. In vielen Punkten von den bisherigen Methoden völlig abweichend ist das sehr interessante Berechnungsverfahren von Lanchester, das grundsätzlich in recht einfacher Weise alle den Propeller beeinflussenden Grössen berücksichtigt. Wie wir unter 11 gesehen haben, nimmt Lanchester als günstigsten Neigungswinkel für den Flügel 10^0 an und bestimmt r und r_1 im Verhältnis zur Steigung. Nun werden alle nach seinem Verfahren hergestellten Schrauben geometrisch ähnlich, so dass eine Grösse — und zwar nehmen wir h — beliebig gewählt werden kann. Für die Blattform stellt Lanchester den Grundsatz auf: Die Belastung des Propellerblattes soll stetig sein und namentlich aussen allmählich zu Null übergehen. Die Drucke senkrecht auf das Schraubenblatt sind wie beim Aeroplan

$$\sim m \cdot r = u^2. \qquad\qquad 60)$$

Nun ändert sich u aber mit dem Radius und zwar ist $u^2 = v^2 + r^2 \cdot \omega^2$. Mit wachsendem v fällt u im Idealfall mit der Fläche des Elements zusammen; dann wird $r \cdot \omega = v \cdot \dfrac{2 \cdot r \pi}{h}$. Für diesen Fall ist

$$u^2 = v^2 + v^2 \cdot \frac{4 \cdot r^2 \cdot \pi^2}{h^2} = \frac{v^2}{h^2} \cdot (h^2 + 4\, r^2 \cdot \pi^2). \qquad 61)$$

Zunächst wird also wieder von der η-Kurve ausgegangen, die bei $\varepsilon = 10°$ einen Verlauf wie in Fig. 23 nimmt. Für die Flügelfläche sollen nur Teile mit über 90% des Wirkungsgrad-

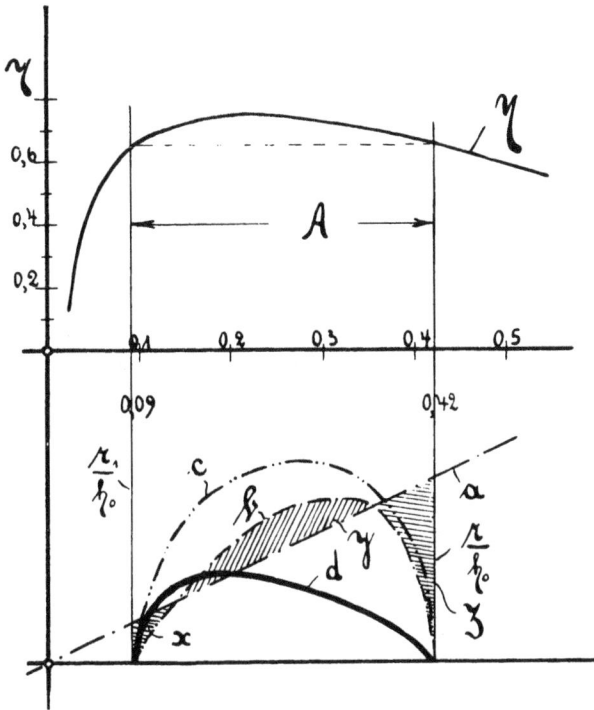

Fig. 23.

A = benutztes Stück der η-Kurve.
a = Trapezbegrenzung der Belastung proportional dem Radius.
b = achsiale Belastungskurve; $y = x + z$.
c = senkrechte Belastungskurve.
d = Abschrägung des Blattes.

maximums benutzt werden, dadurch bestimmt sich $\frac{r_1}{h_0}$ zu 0,09

und $\frac{r}{h_0}$ zu 0,42.

Wenn wir uns nun die Bedingung stellen, die vom Propeller nach hinten fliessende Luft soll beim Austritt aus dem Blatt

5*

überall die gleiche Achsialgeschwindigkeit besitzen, so wird auch die Belastung des Blattes in achsialer Richtung proportional dem Radius.

Das ergibt — zunächst in beliebigem Massstab — eine Gerade a durch den Nullpunkt, die r_1 und r scheidet: um nun jedoch an diesen beiden Stellen, also am Beginn und Ende des Blattes die Belastung = o zu erhalten, wird das Trapez durch ein kurvenbegrenztes Flächenstück so ersetzt, dass die Teile x und z flächengleich mit y werden. Mit dieser Belastungskurve b wird nun die Flügelbreite festgelegt; die Belastung senkrecht zur Flügelfläche c ergibt sich mit Berücksichtigung des Steigungswinkels zu $\frac{p}{\cos \alpha}$. Die Abschrägung für jede Stelle des Flügels erhalten wir nun, wenn wir senkrechte Belastung durch den Druck teilen, so dass die Abschrägung = b mit zunehmendem Radius kleiner wird, und etwa die in der Figur angedeutete Abschrägung d folgt.

Bisher haben wir die Entwickelung ohne einen bestimmten Massstab vorgenommen: wir rechnen jetzt mit der uns gegebenen Relativgeschwindigkeit u und mit Hineinbeziehung der gezeichneten Dimensionen den Schub des Propellers aus = P_1 und verändern dann die Dimensionen in dem Verhältnis $\frac{\sqrt{P}}{\sqrt{P_1}}$.

Um die Zahl der Blätter festzulegen, machen wir folgende Überlegung: Der senkrechte Abstand der Schraubenlinien zweier benachbarter Blätter muss so gross sein, dass kein Blatt auf Fluidum wirkt, das schon von einem anderen Blatt beeinflusst wurde. Nun hat Lanchester die „Reichweite" einer schrägen Fläche zu $k_1 \cdot l$ bestimmt, wobei k_1 ein Wert ist, der noch vom Aspektverhältnis abhängt. Bei der Schraube sind die Blattbreiten b an verschiedenen Stellen verschieden gross und Lanchester sagt, die Blätter werden sich dann gegenseitig nicht stören, wenn auf der Schraubenlinie von 45° Neigung die Bedingung für den Abstand erfüllt ist. Für Breite = ¹/₃ Länge ist k zu 1 und für Breite = ¹/₈ Länge ist k zu 1,14 bestimmt worden. Unter Berücksichtigung dieser Zahlen erhält Lanchester theoretisch 2 bis 3 Flügelblätter. Es zeigt sich aber, dass in der Praxis die Propeller mit 3 bis 4 Blätter ausgeführt werden, woraus Lanchester schliesst, dass die Beeinflussung unter diesen Verhältnissen noch gering ist. Allgemein stellt Lanchester folgende Formel für die Flügelzahl auf:

$$z = \sim 2{,}5 \, \frac{r + r_1}{r - r_1}, \qquad 62)$$

die auch in der Hauptsache zutreffend sein dürfte.

20. Wenn wir uns nun einmal in einer kleinen Tabelle die nach den verschiedenen Methoden errechneten Werte für unser Beispiel zusammenstellen,

Tabelle II.

Gegeben	Methode	d	h	r_1	b	z	N	η
v n P		m	m	m	m		PS	
	Wellner	4.3	4,42	0,42	—	—	50	—
	Ferber	5	5,65	0,375	—	—	43	0,75
	Camus	4	6	—	—		—	0,73
		5	4,3			—		—
	Camus-Drzewiecki	6	—	—	—	4	50	—
		4,9	—					
	Drzewiecki	5,65	4—4,54	0,565	0,26	4	45—50	—
	Drzewiecki neu	4,3	—	—	0,36	4	—	0,76
	Ferber-Eberhardt	5	5,65	0,375	0,5	4	36	0,79
			4,45	0,3	0,4			

(Gegeben-Spalte: 16 m/Sek. = n' = 4,5 Umdr./Sek. | 150 kg | 270 Umdr Minuten n = 4,5 Umdr./Sek.)

so finden wir eigentlich eine recht befriedigende Übereinstimmung derselben in bezug auf die Hauptmasse, während die Nebenmasse und besonders der Leistungsbedarf in recht verschiedener Weise resultiert. Daher dürfte es für jeden, der ohne irgendwelche Erfahrungen an die Konstruktion herantritt, doch immerhin schwierig sein, nun abzuwägen, welcher Methode er für den vorliegenden Fall den Vorzug geben soll, für welchen Wert er sich zweckmässig entscheidet und welche Vernachlässigung noch zulässig ist, ohne der ganzen Berechnung Schaden zu tun. Es sei besonders betont: an sich ist die Berechnung einer Luftschraube in ihren Hauptabmessungen durchaus nichts Schwieriges, soweit es sich um den Gebrauch irgend einer Methode handelt, die Schwierigkeit wird erst dadurch in den Berechnungsgang hineingebracht, dass einmal gewisse Erfahrungen dazu gehören, gewissermassen durch alle Methoden hindurch zu sehen, und sich für den einen Fall die besten Teile aus jeder herauszuschälen, dann aber dadurch, dass unsere Messungen an ausgeführten Schrauben noch zu wenig Material geliefert haben, um fest umrissene Regeln auf-

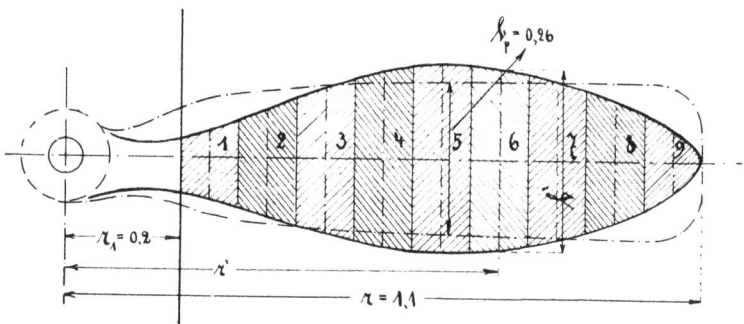

Fig. 24.

zustellen; wenngleich die Messergebnisse dem Fachmann schon recht viel zu sagen vermögen.

Hat man sich also durch eine der erwähnten Methoden einen gewissen Anhalt über die zu erwartende Grösse der Schraube verschafft, so will ich jetzt am Schluss noch kurz den Weg angeben, den ich beim Entwurf von Luftschrauben stets als den gangbarsten erkannt habe, hinsichtlich des klaren Überblicks und der Genauigkeit, um das Flügelblatt detailliert festzulegen.

21. Dieses Verfahren schliesst sich am einfachsten an die Aufmessmethode an, welche ich für Propeller benutze und die ich für die meisten Rechnungen für hinreichend genau erachte. Nehmen wir an, es handle sich um eine zweiflügelige Schraube mit obenstehender Blattform Fig. 24, so wird das Blatt in eine An-

zahl gleichbreiter Querstreifen geteilt und nun für jeden Streifen
der Steigungswinkel gemessen. Die Querstreifen brauchen
natürlich nicht gleich breit zu sein, sie können auch nach dem
Prinzip gleichen Flächeninhalts eingeteilt oder aber ganz
beliebig gewählt werden. Jedoch ist es im Interesse des
sich nachher ergebenden Überblickes wünschenswert, ein gewisses
System in die Einteilung zu bringen. Die Schraube wird nun
mit ihrer Nabe so aufgestellt, dass die Schraubenachse genau
senkrecht steht und zwar muss die Druckseite zweckmässig
nach unten gerichtet sein; Fig. 25. Nun wird an die Mittellinie
jeden Querstreifens ein Schneidenlineal gehalten, das mit einem Lot

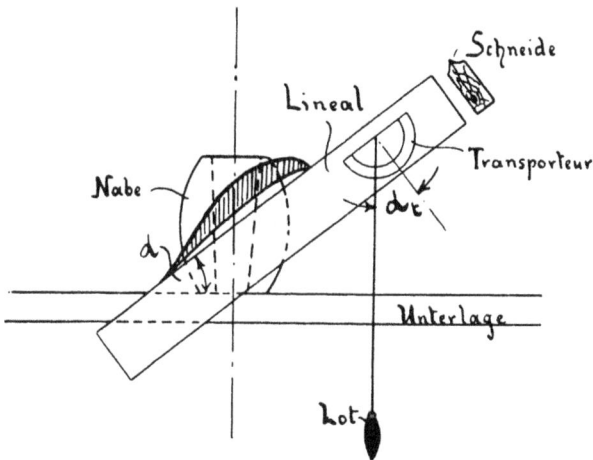

Fig. 25.

und einem Transporteur versehen ist. Dann lässt sich der
Steigungswinkel des Querstreifens sofort am Transporteur ab-
lesen, weil $\angle \alpha_t = \angle \alpha$ ist. (Eigentlich müsste statt des geraden
Lineals ein nach dem jeweiligen Kreisbogen gekrümmtes ver-
wendet werden; bei der üblichen geringen Breite ist der Fehler
jedoch nicht erheblich.) Aus dem Radius r' der Mittellinie des
Querstreifens und ω sowie aus der Fahrgeschwindigkeit ergibt
sich ferner Winkel β (Fig. 26), so dass sich aus $\alpha - \beta$ der Einfallwinkel der Mittellinie ε und angenähert auch der des Querstreifens

ergibt, Fig. 26. Wir ersehen also ohne weiteres, dass die Genauigkeit der Rechnung durch möglichst viele schmale Querstreifen erhöht wird.

Nun kann man für das Flächenelement nach den F ö p p l schen
Versuchen Auftrieb und Widerstand berechnen, kann durch
Hineinbeziehung des Winkels β die Schubkraft und die Tangentialkraft ermitteln und die gleiche Rechnung für sämtliche Querstreifen durchführen. Die Summe der Schub- und Tangentialkräfte ergibt dann, multipliziert mit der Flügelzahl den Schub
bzw. das Drehmoment der Schraube bei der betreffenden Fahrgeschwindigkeit. Bei gewölbten Flächen benutzt man entweder

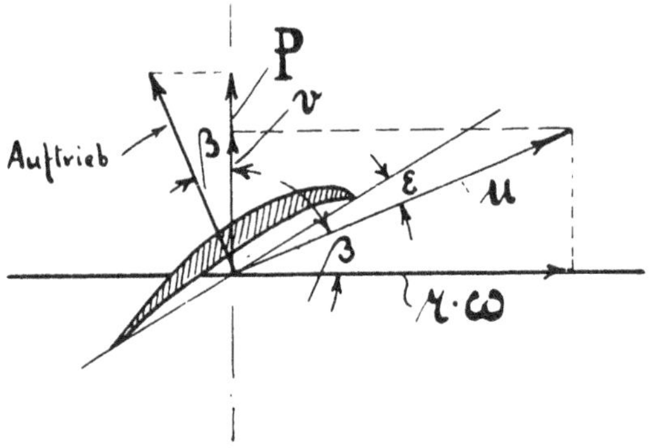

Fig. 26.

direkt die F ö p p l schen Formeln oder man rechnet mit ebenen
Flächen und zieht nachher die E b e r h a r d t schen Wölbungskoeffizienten in Betracht, obgleich ersteres nach meinen Versuchen bessere Resultate ergibt. Auf diese Weise lässt sich
(allerdings mit ziemlicher mechanischer Rechenarbeit) jeder Propeller bestimmen hinsichtlich seines Schubes und Drehmoments.
Ich habe diese Rechnungen bei meinen Versuchen mehrfach
mit zufriedenstellendem Erfolg durchgeführt.

22. Der umgekehrte Weg ist auch beim Entwurf zu verwenden;
zuvor sei jedoch noch auf folgende kleine zusammenstellende
Tabelle III eingegangen, die nach vorstehender Methode berechnet
ist und deren Resultat mit dem Messergebnis ganz gut überein-

stimmt. Es handelt sich um den „R e t t i g“ - Holzpropeller[1]) von 5 m Φ mit 4 Flügeln, konstanter Steigung von 4 m, konstanter Flügelbreite von 0,4 m. Die Flügelquerschnitte sind gewölbt und zwar die Druckseite auf eine Sehnenlänge von 400 mm um 25 mm Pfeiltiefe, die Saugseite dagegen ganz beträchtlich stärker. Nun sind die F ö p p l schen Formeln nur gültig für Platten konstanter Dicke, da es sich hier aber nur um Annäherungsrechnungen handelt, so lässt sich folgender Weg erfolgreich einschlagen: es wird zu der Sehne der Druckseitenwölbung noch eine Tangente an die Saugseite gelegt und nun das Mittel des sich auf diese Weise ergebenden Winkels gemessen.

In F ö p p l s Formel 6) ist ein konstanter Zuschlagwinkel 3° enthalten; dieser muss um den oben gefundenen Winkel vergrössert werden, um annähernd richtige Resultate zu erhalten. In unserem Fall der stark überwölbten Profile ist dieser Zuschlagwinkel 8°, im allgemeinen bewegt er sich sonst zwischen 2° und 5°. Die Formel lautet dann also:

$$\zeta = (\varepsilon + 3^0 + 8^0) \cdot \left(0,32\,\varphi + \frac{1}{18 + 95\,\lambda} \right)$$

der 2,5 m lange Flügel ist in 9 Stück zu 250 mm Länge eingeteilt, während das 10. Stück als zur Nabe gehörig nicht in die Rechnung eingezogen wird.

$$\varphi = \frac{0,25}{400} = 0,0625\,;\ 32 \cdot \varphi = 0,02.$$

$$\lambda = \frac{0,4}{0,25} = \frac{\text{Länge}}{\text{Breite}}\ \text{des Elements} = 1,6$$

$$\left(0,32 \cdot \varphi + \frac{1}{18 + 95 \cdot 1,6} \right) = 0,02 + 0,00588 = \sim 0,026$$

$$\zeta = (\varepsilon + 11^0) \cdot 0,026$$

$$\mathrm{P} = \cos\beta \cdot \text{Auftrieb des Elements} = \cos\beta \cdot \frac{\gamma}{g} \cdot \mathrm{u}^2 \cdot \mathrm{f} \cdot \zeta$$

$$\operatorname{tg}\beta = \frac{v}{\mathrm{r} \cdot \omega}\,;\quad \mathrm{u} = \sqrt{v^2 + \mathrm{r}^2 \cdot \omega^2}\,;\quad \mathrm{f} = 0,4 \cdot 0,25 = 0,1\ \mathrm{m}^2.$$

Gerechnet sei mit einem n = 215; v = 13,6.

---

[1]) siehe Fig. 36.

Tabelle III.

Flächenteil	Mittl. Radius r'	$r' \cdot \omega$ m/sek	u^2	φ	f m²	Neigungswinkel α	Richtwinkel von u β	Einfallwinkel ε	$\frac{..}{..}$	P kg
1	0,37	8,35	255	0,0625	0,1	59°50'	58°20'	1°30'	0,325	0,54
2	0,62	13,95	380	0,0625	0,1	45°45'	44°15'	1°30'	0,325	1.11
3	0,87	19,60	569	0,0625	0,1	36° 10	34°40'	1°30'	0,325	1,89
4	1,12	25,21	820	0,0625	0,1	29°35'	28°10'	1°25'	0,323	2,92
5	1,37	31,90	1140	0,0625	0,1	25°0'	23°40'	1°25'	0,323	4,21
6	1,62	36,50	1520	0,0625	0,1	21°30'	20°30'	1°	0,312	5,58
7	1,87	42,21	1965	0,0625	0,1	18°50'	17°50'	1°	0,312	7,28
8	2,12	47,82	2475	0,0625	0,1	16°50'	15°56'	1°	0,312	9,28
9	2,37	53,40	3035	0,0625	0,1	15° —	14°10'	0°50'	0,307	11,30

kg 44,11

Bei vier Flügeln leistet die Schraube also $\sim$ 176,5 kg Schub; gemessen wurde aber auf dem Prüfwagen:

n	P	v
212	179	13,6
210	181	14,2
214	186,5	13,67

was wohl als genügende Übereinstimmung gelten kann. Es fällt nun sofort auf, dass die einzelnen Schraubenelemente mit ihrer Entfernung von der Nabe wesentlich mehr Schub bei gleichem Flächeninhalt liefern. Dies ist nun aus konstruktiven Rücksichten keineswegs erwünscht, weshalb zweierlei Methoden angewendet werden, um für den Flügel eine andere Belastungsverteilung herbeizuführen. Die eine Methode wurde bei dem Lanchesterschen Verfahren erwähnt und besteht darin, die Flügel bei konstantem ε entsprechend zuzuschärfen, d. h. die Fügelbreite zu variieren, dass für jeden Flächenquerstreifen die konstruktiv für richtig erachtete Belastung resultiert. Die zweite Methode wendet sich nur an den Einfallwinkel, den sie für jeden Streifen so festsetzt, dass sich bei konstanter Breite die gewünschte Belastung ergibt. Am zweckmässigsten lassen sich nun durch Vereinigung beider Methoden alle konstruktiven Wünsche erfüllen.

Nehmen wir an, es sei von uns eine zweiflügelige Schraube zu entwerfen, die bei n = 1000 und $r = 17\,^m/_{Sek}$ einen Schub von P = 62 kg liefert. Nach einem Überblick durch die verschiedenen Methoden ersehen wir, dass wir etwa mit folgenden Hauptabmessungen werden rechnen müssen, die wir uns kurz aufzeichnen (siehe Fig. 24): r = 1,1, $r_1 = \sim 0,2$, b = 0,26, h = 1,15 m, bei einer Wölbung von $^1/_{10}$. Nun soll aber bei der Detaillierung berücksichtigt werden, dass das äussere Flügelteil wenig Druck erhält, dass vielmehr der Hauptschub im Abstand von etwa 0,6—0,7 von der Achse entwickelt wird. Wir berechnen zunächst für die Mittellinien der Querstreifen r . ω und setzen dann aus v und r . ω die Relativgeschwindigkeit u nach Grösse und Richtung für alle Linien fest. Nun soll die Wölbung der Flügel sich nach aussen etwas verflachen (s. Tab. IV ,S. 7 Spalte 4); die Blattform wird gemäss der ersten provisorischen Ermittlung wie in der Abbildung entworfen und ferner angenommen, dass der Einfallswinkel nach aussen zu abnimmt. Jetzt ist eine Nachrechnung und tabellarische Zusammenstellung nötig. Der innere Teil des Blattes, obgleich sicher noch wirksam, soll bis zu $r_1 = 0,2$ m nicht in die Berechnung eingezogen werden; dann wird das jetzt 0,9 m lange Blatt der Einfachheit halber in 9 gleich breite Streifen von 0,1 m geteilt, so dass die mittleren Radien 0,25, 0,35 . . . . . 1,05 m sind. Aus r' . ω und der gleichbleibenden Fahrgeschwindigkeit v wird jetzt die für die Berechnung wichtige Relativgeschwindigkeit u nach Grösse und Richtung durch den Winkel β festgelegt. Für r' = 0,75 m ist r' . ω z. B. = 78,8 $^m/_{Sek}$, woraus sich

$$u^2 \text{ zu } r^2 . \omega^2 + v^2 = 78,8^2 + 17^2 = 6509$$

errechnet; tg β ist aber gleich $\dfrac{v}{r . \omega} = \dfrac{17}{78,8}$; β = 12,16°. Ist dies für die einzelnen Mittellinien festgelegt und aufskizziert, so wird nunmehr der Einfallwinkel bestimmt, der nach Voraussetzung nach aussen abnehmen soll und in diesem Fall von 6° auf 3°, wie in der Tabelle angegeben, abnimmt. Aus diesen beiden Winkeln bestimmt sich der Steigungswinkel und mit ihm die veränderliche Steigung. Für r' = 0,75 m wird α = 15,61° und

$$h' = tg \; \alpha . 2 . r' . \pi = tg \; 15,61° . 2 . 0,75 . \pi = 1,32 \text{ m.}$$

Für einen stetigen Übergang der Steigung von einer Mittellinie zur anderen muss natürlich Sorge getragen werden. Die Wölbungsgrade der einzelnen Elemente sollen ebenfalls nach aussen abnehmen, so dass wir an der Nabe $\varphi = \dfrac{1}{12}$, an der Peripherie dagegen $\varphi = 0{,}02$ annehmen.

Nachdem jetzt noch die Flächeninhalte der einzelnen Durchschnitte berechnet worden sind, kann die Schubkraft einzeln bestimmt werden.

Nach Föppl Gl. 6) ist der Auftrieb einer gegen den Wind bewegten Platte: $\dfrac{\gamma \cdot u^2}{g} \cdot f \cdot \zeta$ worin $\zeta = (\varepsilon + 3^0) \cdot \left(0{,}32\,\varphi + \dfrac{1}{18 + 95 \cdot \lambda}\right)$, da es sich hier um eine Schraube mit Metallflügel handelt, kann wegen der geringen Überwölbung des Blattes, d. h. wegen nahezu konstanter Stärke mit dem konstanten Zuschlagwinkel von 3^0 gerechnet werden. Rechnen wir zunächst einmal ζ für $r' = 0{,}75$ m aus, so ist $\varepsilon = 3{,}45^0$, $\varphi = {}^1/_{25}$, $\lambda = \dfrac{\text{Länge}}{\text{Breite}}$ des Querstreifens $= \dfrac{b'}{0{,}1} = 6{,}1$

$$\zeta = (3{,}45 + 3^0) \cdot \left(0{,}32 \cdot \frac{1}{25} + \frac{1}{18 + 95 \cdot 6{,}1}\right) = 0{,}0954.$$

Der Auftrieb errechnet sich dann zu:

$$\frac{\gamma}{g} \cdot u^2 \cdot f \cdot \zeta = \frac{1}{8} \cdot 6509 \cdot 0{,}061 \cdot 0{,}0954 = 4{,}81 \text{ kg}.$$

Tabelle IV.

Flächenteil	1	2	3	4	5	6	7	8	9	10
	Mittl. Radius r'	$r' \cdot \omega$ m/sec.	u^2	φ	f m^2	Einfallwinkel ε^0	Richtwinkel von $u = \beta^0$	Steigungswinkel α^0	ζ	Schub P kg
1	0,25	26,3	973	$^1/_{12}$	0,023	6	32,83	38,83	0,2781	0,65
2	0,35	36,8	1644	„	0,036	5	24,83	29,83	0,3000	2,00
3	0,45	47,3	2529	„	0,049	4,4	19,67	24,07	0,2001	3,20
4	0,55	57,8	3629	„	0,059	4	16,33	20,33	0,1992	5,10
5	0,65	68,3	4949	„	0,063	3,7	14	17,7	0,1894	7.10
6	0,75	78,8	6509	$^1/_{25}$	0,061	3,45	12,16	15,61	0,0954	4,70
7	0,85	89,3	8289	$^1/_{40}$	0,053	3,3	10,83	14,13	0,0631	3,40
8	0,95	99,8	10289	„	0,041	3,15	9,67	12,82	0,0630	3,26
9	1,05	110,3	12469	0,02	0,021	3	8,5	11,5	0,0591	1.90

Summe: kg 31,31

Dieser Auftrieb steht senkrecht auf der Relativgeschwindigkeit und liegt auch nicht genau auf Mitte Fügel, sondern greift näher der Eintrittskante an. Dies letztere soll aber hier vernachlässigt werden, vielmehr wollen wir hier nur die Schubkraft P durch Multiplikation mit dem cos β errechnen, so dass $P' = 4{,}81 \cdot \cos \beta = 4{,}81 \cdot 0{,}978 = 4{,}70$ kg wird. Verfahren wir sinngemäss für alle Querschnitte, so erhalten wir bei $n = 1000$ und $v = 17$ m/sec einen Schub pro Flügel von 31,31 kg also für die Schraube

$$P = 62\text{—}63 \text{ kg.}$$

Gemessen wurde nun diese Schraube auf der später zu beschreibenden Einrichtung mit:

n	v	P
931	17,7	61,2
1012	16,91	67,2

was wohl als gute Übereinstimmung in Anbetracht der vielen Vereinfachungen gelten kann.

In ähnlicher Weise kann nun auch die Umfangskraft bestimmt und so der Leistungsbedarf der Schraube ermittelt werden.

Durch die vorgeschlagene Methode ist man — und das möchte ich ausdrücklich betonen — von jeder Konstanz der Steigung oder des Breitenverhältnisses usw. frei, kann sich also völlig frei bewegen und die Schraube nach eignem Ermessen entwerfen. Es wird manche mühselige Arbeit am Anfang geben, aber bei einiger Übung bekommt man schon den richtigen Blick für einen schnellen Entwurf.

V. Versuchseinrichtungen zur Prüfung von Luftschrauben.

23. Die Einrichtungen zur Erprobung der Luftschrauben sind so alt wie die Schrauben selbst. Es ist ja auch erklärlich, dass das Bestreben, dem Propeller eine Gestaltung und Anordnung zu geben, welche seine Wirkung auf die Luft und dadurch wieder die Rückwirkung auf das Luftfahrzeug möglichst günstig gestaltet, dass diese Bemühungen von selbst zu Versuchsständen führten, die einen Einblick in die Arbeitsverhältnisse der Schrau-

ben gewähren sollten. Jedes dynamische Erheben in die Luft
ist einmal abhängig von der Kraft, die hierzu aufgewendet
wird, dann aber auch vom Nutzeffekt des Übertragungsorgans;
der Vervollkommnung der Arbeitsmaschine, die bei geringstem
Gewicht die grösstmöglichste Arbeit leisten soll, stellt sich demnach als gleichwichtig die Bemühung zur Seite, eben dieses
Übertragungsmittel zu verbessern.

Die vielfach übliche Art, Luftschrauben auf ihre Leistungs-
fähigkeit hin zu prüfen, indem man sie irgendwie ortsfest ein-
baut, hat den grossen Nachteil, dass die unerlässliche Umrech-
nung und die notwendige Einführung verschiedener Koeffizienten
das Resultat verschleiern, dass also über das wirkliche Verhalten der Propeller
im Luftfahrzeug
keinerlei Aufschluss
gegeben wird. Es ge-
hören demnach die
umfangreichen Er-
fahrungen eines auf
diesem Gebiete be-
wanderten Fach-
mannes dazu, richtige
Schlussfolgerungen
aus den Ergebnissen
zu ziehen. Andererseits bieten jedoch gerade diese ortsfesten Prüfstände in ihrem Aufbau so geringe Schwierigkeiten, dass sie für die
meisten Firmen die gegebene Erprobungsart bleiben werden. Daher
seien in den nächsten Abbildungen einige der gebräuchlichsten angegeben. (Fig. 27.) Eine einfache Balkenlage nimmt an der einen
Seite die Stütze für die feste Rolle auf, während an der anderen
Seite der Drehpunkt für den Unterstützungsrahmen von Motor
und Propeller sich befindet. Der unten fest gelagerte Elektromotor (in der Regel wird es sich um elektrischen Antrieb handeln) überträgt seine Kraft mittels Riemen oder Kette auf die
horizontal rotierende Luftschraube. Die in den Propeller hinein-
geleitete Arbeit lässt sich in diesem Fall nur durch Leistungsmessung des Motors und nachherige Berücksichtigung der Ver-

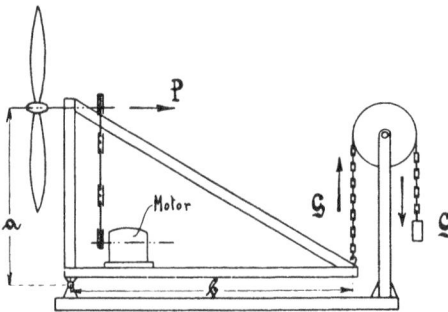
Fig. 27.

luste bestimmen, der Schub P aber wird direkt abgewogen, indem das Bestreben der Schraube, den Rahmen um den Drehpunkt nach unten zu neigen, durch den Schnurzug des Gewichtes G gerade ausgeglichen wird. Natürlich müssen auch hier die entsprechenden Hebelverhältnisse berücksichtigt werden, so dass sich ergibt: $P = G \cdot \frac{b}{a}$. Ein solcher Prüfstand ist sehr empfehlenswert, weil er in einfachster Weise aus Holzbalken zusammenzufügen ist. Eine besondere Modifikation zeigt noch die folgende Abbildung 28. Handelt es sich nämlich darum, den Propeller nur innerhalb kleiner Grenzen in seinem Arbeitsbedarf und seiner Tourenzahl zu variieren, so setzt man des nötigen freien Raumes wegen, dessen man für die Flügel bedarf, den Motor besser wie in der Skizze auf einen besonderen Winkelrahmen, während sich im Prinzip nichts an der Anordnung ändert; auch hier gilt das Verhältnis $P = G \cdot \frac{b}{a}$.

Für ständige Prüfungen

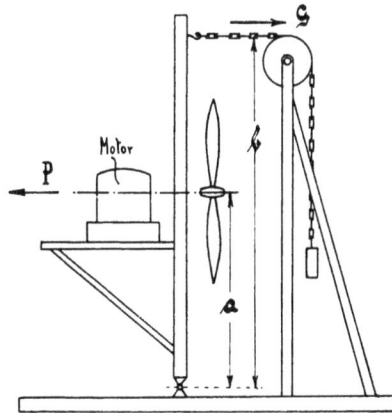

Fig. 28.

empfiehlt sich natürlich eine etwas solidere Ausführung, wie wir sie z. B. auf Fig. 29 sehen. Dieser, der Firma Theodor Zeise, Altona-Ottensen, Spezialfabrik für Schraubenpropeller gehörige Prüfstand erlaubt Messungen an Schrauben bis zu 4,5 m Durchmesser.

Die Leistungsmessung durch den Antriebsmotor ist nun recht ungenau, selbst wenn es sich bei einem Elektromotor mittels des Stromverbrauchs so verlockend darstellt. Die für die Übertragung nötigen Zahnradgetriebe, Riemen, Kardangelenke usw., die naturgemäss ebenso wie die Kraftquelle nach der Höchstleistung dimensioniert werden müssen, ziehen grosse, nicht kontrollierbare Arbeitsverluste nach sich, die ausserdem

noch erheblichen Schwankungen unterworfen sind. Bei einem
grossen Teil der Schrauben werden auch die elektrischen und
mechanischen Leergangswiderstände die notwendige Antriebsleistung erheblich überschreiten, so dass dann der Wirkungsgrad des Motors bei den wenigen Bruchteilen seiner Normal-
belastung in recht grossen Grenzen schwankt.

Daher sind in den verschiedensten Formen Versuche gemacht, um die Leistungsmessung unabhängig vom Kraftbedarf

Fig. 29.
Ortsfester Prüfstand der Firma: Theodor Zeise, Altona-Ottensen; vorn
rechts Spannrolle für den Riementrieb.

der Kraftquelle zu erhalten; sehr hübsch ist die Methode des
französischen Genieoffiziers Renard, der mittels kardanischer
Aufhängung das Fundament für Motor und Propeller auch noch
parallel zur Schraubenachse pendelnd befestigte. Im Betriebe
erzeugt die Schraubenhemmung ein Drehmoment um die Propellerachse, das dann ebenfalls durch Gewichte ausgeglichen werden

muss, wodurch man Schub und Drehmoment (allerdings mit festgekuppeltem Motor) direkt erhält.

In ähnlicher Weise ist bei der Brigata Specialisti in Italien eine Prüfvorrichtung nach den Entwürfen der Capitaine Crocco und Ricaldoni in Benutzung, die sich als recht zweckmässig und doch einfach in ihrer Herstellung erweisen dürfte, sofern nur ein genügend grosses, ruhendes Gewässer zur Verfügung steht. Dieser Vorschlag macht sich die geringe Reibung eines Bootes (Prahmes) im Wasser zunutze, um sowohl den Schub als auch das zu seiner Erzeugung nötige Drehmoment für eine Luftschraube zu ermitteln. (Fig. 30.) Propeller und Motor werden zusammen in dieses Boot eingebaut und in Be-

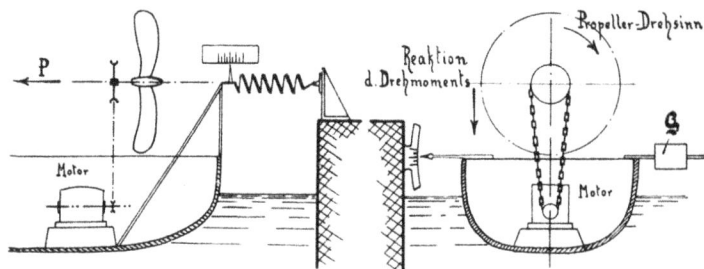

Fig. 30.

Luftschrauben-Prüfanlage der italienischen Capitaine Crocco u. Ricaldoni.

trieb gesetzt; dann wird der Schub durch eine Spiralfeder, die zwischen Boot und dem Festland eingeschaltet ist, aufgenommen und an einer Skala abgelesen; die Schraubenhemmung sucht das Boot einseitig zu krängen, was dann durch entsprechende Gewichtsbelastung auf der anderen Seite ausgeglichen wird, bis die am Festland angebrachte Skala wieder die Nullstellung ergibt. Gewicht mal Hebelarm entsprechen dann wieder direkt dem Schraubendrehmoment.

Die mit senkrechter Welle angeordneten Prüfstände, wie sie z. B. Riabouchinski in Koutchino sowie Dr. Ing. Bendemann (Fig. 31) für die Jubiläumsstiftung deutscher Industrie in Lindenberg verwendet, messen den Schraubenschub durch einfache Übertragung auf eine Wage, das Drehmoment aber

durch ein Kegelrad-Dynamometer, wie wir es später kennen
lernen werden. Bei diesen Anordnungen arbeiten die zu prüfen-
den Schrauben stets mit der Druckseite gegen die freie Atmosphäre,
um so nach Möglichkeit ihre spätere Arbeitsweise nachzuahmen.

24. Doch alle diese Versuche brachten dem eigentlichen Wesen
der Wirkungsweise eines Propellers nicht näher, man musste
daher bei den Erprobungen die Schrauben während ihres Fort-
schreitens in der Luft kennen lernen! Dies suchte schon

Fig. 31.
Blick von oben auf den Prüfstand der Geschäftsstelle für Flugtechnik;
Leiter Dr. Ing. Bendemann-Lindenberg.

Langley zu erreichen, indem er seinen Schraubenprüfapparat
auf einen Rundlauf setzte und nun die Registrierungen während
der Drehung vornahm. Dies ergab auch wesentlich bessere
Resultate, wenngleich die Einflüsse der Zentrifugalkraft auf den
Propeller und seine Umgebung noch in unkontrollierbarer Weise
in die Rechnung eingingen. Nach demselben Prinzip befinden
sich in England zwei Einrichtungen in Betrieb, von denen die

eine in Fig. 32 vorgeführt ist. Diese gewaltige Anlage ist von
Vickers, Sons & Maxim, Ltd. zu Barrow-in-Furness gebaut und besteht aus einem 50 m langen Rundlauf, dessen zur
Messung benutzter Arm in 33 m Radius auf Kugellagern um
eine hohe gusseiserne Säule kreist, während der andere Arm
das Gegengewicht trägt. Über der Säule befindet sich das Be-
obachtungshäuschen, in dem ausser den nötigen Instrumenten
ein 100 PS Elektromotor zum Antrieb des Propellers aufgestellt

Fig. 32.
Schrauben-Prüfung mittels Rundlauf.
Vickers, Sons & Maxim, Ltd. Barrow-in-Furness.

ist; der Betrieb des Rundlaufs geschieht also nur durch den
Propeller selbst. Der Schub wird durch eine geringe achsiale
Verschieblichkeit der Schraubenwelle und Zwischenschaltung von
Winkelhebeln und starken Federn ermittelt, die eingeleitete
Arbeit durch Messung des Stromverbrauchs vom Elektromotor.
Durch geeignete Windfänge (Bremsflächen) lässt sich die Dreh-
geschwindigkeit des Rundlaufs, also die Fahrgeschwindigkeit des
Propellers zwischen 30 und 112 km/St. variieren.

6*

Eine ähnliche aber wesentlich kleinere Einrichtung besitzt die dem Advisory Committee for Aeronautics unterstehende Abteilung des National Physical Laboratory in Teddington-Middlessex, welche denn auch in erster Linie dazu berufen sein wird, das Ähnlichkeitsgesetz zwischen Modellversuchen an Luftschrauben und wirklichen Propellerprüfungen aufzustellen bzw. zu kontrollieren. Bei diesem Rundlauf, dessen 9 m langer Arm etwa 2 m über dem Boden mit 9—96 km St. Geschwindigkeit sich dreht, geschieht diese Drehung direkt durch einen 15 PS Elektromotor, während der Propeller durch einen zweiten, kleinen Motor für sich angetrieben wird. Die Messungen gehen sonst in ähnlicher Weise vor sich.

Inzwischen hatte man sich bei Modellmessungen aber schon ganz von diesem Weg frei gemacht und war zu den Versuchen mit bewegter Luft übergegangen, die namentlich in der Versuchsanstalt der Motorluftschiff-Studien-Gesellschaft in Göttingen unter deren Leiter, Herrn Professor Dr. Prandtl, zu grosser Vollkommenheit gelangt waren. Es ist diese Messmethode ohne weiteres als die ideale anzusprechen, da der zu erprobende Gegenstand von dem ausserhalb des Luftstroms stehenden Beobachter stets in genauester Weise kontrolliert werden kann, da ferner die Messungen infolge der erschütterungsfrei aufstellbaren äusserst feinen Instrumente exakt ausführbar sind und weil endlich der Luftstrom in seiner Einwirkung auf den Gegenstand nur durch die feinen Zuleitungen, d. h. praktisch gar nicht, gestört wird. Es würde nun eigentlich naheliegen, diese als einwandsfrei erkannte Prüfungsmethode auch für die in der Praxis üblichen Propellerabmessungen auszubauen, aber man braucht sich nur die gewaltigen Dimensionen (für einen Propellerdurchmesser von 5 m) vorzustellen, sowie die ungeheuren Luftmengen, die beispielsweise für einen Kanaldurchmesser von 5,2 m und 20 m/sec Luftgeschwindigkeit 425 cbm/sec betragen würden, man braucht ferner nur an die Schwierigkeiten zu denken, diese gewaltigen Luftmassen gleichmässig über den ganzen Querschnitt zu verteilen, um sofort einzusehen, dass eine derartige Anlage, selbst an eine grosse Grube mit ihrem riesigen Luftbedarf angegliedert, nicht ausführbar ist. Nun waren aber in der Zwischenzeit schon von verschiedenen Seiten Erprobungen mit Luftschrauben vorgenommen, indem man dieselben während des Betriebes einer Ortsveränderung unterwarf, so für die Zeppelinschen Luftschiffe auf dem Boot „Gna", dann vom Luftschiffer-Bataillon und endlich von den

Siemens-Schuckert-Werken. Letztere Einrichtung ist insofern bemerkenswert, als sie einen kontinuierlichen Betrieb gestattet. Auf einer Kreisbahn läuft ein elektrisch angetriebener Wagen, der die Antriebsvorrichtung des ebenfalls elektrisch betriebenen Propellers trägt (Fig. 33). Die Messung des Schraubenzugs geschieht hydraulisch, die in den Propeller eingeleitete Arbeit wird am Motor elektrisch bestimmt. Im Vorgesagten sind die Vorzüge und Nachteile dieser Anlage enthalten. Sieht man von einer Beeinflussung des durchlaufenen Luftringes von

Fig. 33.
Elektrische Lokomotive der Siemens-Schuckert-Werke mit Einrichtung für Propeller-Versuche.

der vorhergehenden Fahrt ab, vernachlässigt man ferner die Verschiedenartigkeit der Arbeitsverhältnisse der an der Innen- oder Aussenseite der Kreisbahn arbeitenden Propellerflügel, bedingt durch die fortwährende Achsenverlagerung (die wahrscheinlich selbst bei 500 m Kreisbahndurchmesser noch erheblich ist), so ergibt sich der grosse Vorteil einer beliebig langen Versuchsstrecke; das An-

fahren und Bremsen braucht also in keiner Weise unnötig beschleunigt
zu werden, was sich für den eigentlichen Versuch als sehr störend erwiesen hat; auch die längere Versuchszeit selbst erlaubt bessere
Beharrungszustände. Ebenfalls lässt sich die gewünschte Fahrgeschwindigkeit präzis und dauernd einstellen. Nachteilig ist die zur
Propellerachse stets wechselnde Windrichtung, die in einer steten
Veränderlichkeit der Eigengeschwindigkeit der Luftschraube gegen
die umgebende Luft zum Ausdruck kommt, sowie ferner die Messung
der in den Propeller eingeführten Arbeit, die auch die Verluste
im Motor und Antrieb einschliesst. Ähnlich ist die Vorrichtung
des französischen Genie-Offiziers Kapitän Dorand.

Noch ein kurzes Wort über die erwähnten Theorien. Wie wir
weiter oben gesehen haben, wird bei allen theoretischen Arbeiten
über Luftschrauben nach möglichst exakter Anwendung der bekannten Gesetze der Physik und Mechanik von irgendeiner Hypo-
these der Wirkungsweise ausgegangen, der dann einige notge-
drungen willkürliche Annahmen hinzugefügt werden, um zu
abschliessenden Resultaten zu gelangen; diese Annahmen be-
ziehen sich aber auf Fragen, die erst durch Versuche klargestellt
werden können. Wenn diese Resultate nun über die Formgebung
und die nähere Berechnung keinerlei Aufschluss zu geben vermögen, so liegt dies im wesentlichen daran, dass man über
die eigentlichen Bewegungsvorgänge so gut wie nichts weiss.

25. Gerade in diesen Punkten Klärung zu schaffen, war
die Aufgabe einer besonderen Prüfeinrichtung, welche Herr
Professor Dr. Prandtl-Göttingen im Auftrage der Wissenschaft-
lichen Kommission der ILA und mit finanzieller Unterstützung
dieser Ausstellung entwarf und an deren konstruktiver Durchführung der Verfasser beteiligt war.

Für den Entwurf sollten folgende Hauptbedingungen bin-
dend sein: 1. Der Messbereich der Propeller in Dimension, Umdrehungszahl und Drehrichtung soll tunlichst groß sein, 2. die
Propeller sollen nach Möglichkeit unter Verhältnissen geprüft
werden, die denen ihrer späteren Arbeit im Luftfahrzeug ähnlich
sind, 3. die Prüfungen sollen auf jedem beliebigen Gelände vor
sich gehen, 4. die Anlage muss durch wenige Änderungen in
eine ortsfeste Prüfeinrichtung umzuwandeln sein.

So wurde denn dem Entwurf bis 5 m Schraubendurchmesser zugrunde gelegt, während die Propellerwelle in jeder Drehrichtung zwischen 200 und 1200 Minutenumdrehungen mindestens 60 PS abgeben sollte. Zur Vornahme der Versuche sollte nach

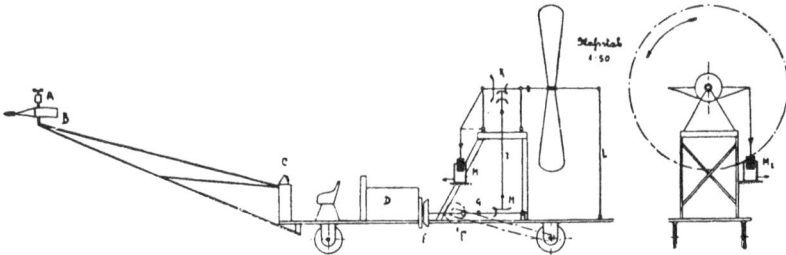

Fig. 34.
Schematische Darstellung des Luftschrauben-Prüfwagens.

Möglichkeit ein Gleis herangezogen werden, das tunlichst gerade, horizontal und ausserdem in der vorherrschenden Wind-

Fig. 35.
Der Schrauben-Prüfwagen
mit 5 m ∅ „Ruthenberg" Stahlrohr-Stoffbezug-Propeller.

richtung verlegt war; als Kraftquelle wurde nach längerer Überlegung ein Benzin-Luftfahrzeug- oder Automobil-Motor gewählt.

Als grösster Propellerschub wurden 300 kg angenommen, das grösserforderliche Drehmoment auf 300 mkg an der Propellerwelle veranschlagt und auf Grund dieser Werte die Konstruktion durchgeführt. Die nähere Anordnung und konstruktive Durchführung der Prüfeinrichtung bedarf bei der Wiedergabe der Hauptzeichnungen und Bilder wohl keiner eingehenderen Beschreibung; sie ergibt sich aus den Fig. 33—37. Das obere,

Fig. 36.
Prüfwagen schräg von hinten gesehen, 5 m Ø „Rettig" Holzschraube.

beweglich gelagerte Gehäuse vermittelt gleichzeitig die Messung von Schub und Drehmoment der betreffenden Schraube. Übt diese nämlich einen Schub aus, so hat das Parallelogramm das Bestreben, nach vorn umzukippen, woran es aber durch einen Winkelhebel mit Druckstange gehindert wird. Das zur Verhinderung einer Seitenbewegung mit dreieckigem Querschnitt ausgeführte Parallelogramm trägt nun auf der Propellerwelle

das ganze obere Gehäuse; die senkrechte Welle mit ihren zwei
Kardangelenken lässt immerhin ein bedeutendes Pendeln dieses
Gehäuses zu. Wird nun der Propeller angetrieben, so hält die
Reaktion seines Drehmomentes sein Antriebskegelrad zurück
und veranlasst das Gegenrad der senkrechten Welle, sich auf
ihm abzurollen. Diese Bewegung senkrecht zur Ebene der
Propellerwelle überträgt sich durch die Lager auf das Gehäuse,
das nun ausschlagen würde, wenn nicht wieder eine Druckstange
dem entgegenwirkte. Durch diese besondere Modifikation eines
Kegelrad-Dynamometers wird also auch das Drehmoment als

Fig. 37.
Federnde Aufhängung der Mess-Instrumente.

Schub in einer Stange erhalten und überträgt sich dann, wie
auch die Schraubenzugkraft durch eine Oeldruckleitung M_1 und
M_2 auf ein Doppelregistriermanometer.

Der zweite Schreibapparat ist der Chronograph: Ein Uhr-
werk bewegt mit ungefähr 13 mm/Sek. einen Papierstreifen
über eine Trommel unter vier Schreibhebeln hinweg, die ihrer-
seits durch Elektromagnete betätigt werden. Auf der Zwischen-
welle hinter dem Motor wird durch eine kleine Schnecke, in die
ein Zahnrädchen eingreift, nach je 15 Motortouren ein Kontakt
geschlossen, der sich dann durch den Schreibstift als Punkt auf

dem Streifen des Chronographen äussert. In ähnlicher Weise werden die Umdrehungen der Vorderachse aufgeschrieben, aus denen sich die Wagengeschwindigkeit ergibt; diese Wagengeschwindigkeit ist wichtig zur Ermittelung des Beharrungszustandes, d. h. ob während der Messung irgendwelche Beschleunigungen oder Verzögerungen stattgefunden haben, weil sie infolge der grossen Massen der Getriebe starke Beeinflussungen des Propellerschubes mit sich bringen würden.

Drittens wird die Relativgeschwindigkeit des Propellers zur Luft gemessen, indem ein Schalenkreuz-Anemometer, das vorn an einem 5 m langen Mast angebracht ist, damit der Propellersog keinen Einfluß auf dasselbe ausübt, nach je 20 m zurückgelegtem Luftweg einen Kontakt gibt.

Endlich kommt noch das wichtige Vergleichsinstrument, dessen Aufschreibungen erst den Zeitmassstab festlegen — die Sekundenkontaktuhr —, deren umlaufender Zeiger die Kontakte öffnet und schliesst, während gleichzeitig eine Marke die beiden Aufschreibungen exakt gegeneinander orientiert. Die Messungen gehen also völlig automatisch vor sich und die Anzeig-Instrumente dienen lediglich der Wagenführung. Zunächst gelang es trotz aller Vorsicht nicht, mit den Messinstrumenten einigermassen brauchbare Kurven schreiben zu lassen, weil sie in zu grossem Masse durch die Motorerschütterungen beeinflusst wurden; die Zwischenlagen von Gummi erfüllten ihren Zweck nur unvollkommen. Bei den Standversuchen wurden zur Erzielung eines ruhigen Ganges sämtliche empfindlichen Instrumente neben dem Wagen auf einen Tisch gesetzt. Für die Fahrversuche brachte die vollständig weiche Federaufhängung, die auf dem Bilde (37) zu sehen ist, endlich den gewünschten Erfolg. Uhr, Manometer und Chronograph funktionierten von da an tadelfrei; die einzige Schwierigkeit bestand in einer dichten und doch nachgiebigen Weiterführung der Druckölleitung, die erst durch Einführung eines besonders gefertigten Schlauches beseitigt wurde.

Eine ähnliche Fahrvorrichtung, aber mit elektrischem Antrieb ist vom Institut Aérotechnique der Pariser Universität (Stiftung von Henry Deutsch de la Meurthe) in St. Cyr in Benutzung; auch die Firma Chauvière verwendet

Tabelle V.

Nr.	Name	Äusserer Radius des Flügelkreises r m	Innerer Radius des Flügelkreises r_1 m	Steigung s m	Flügelzahl z	Grösste Flügelbreite beim Radius b mm	Grösste Flügelbreite beim Radius r' m
1	Gross	1,13	0,17	1,3	2	375	0,85
2	Poelke*)	1,31	0,02	3,3	2	260	0,93
3	„	1,31	0,02	3,3	2	260	0,93
4	Reissner	1,05	0,15	1,2	2	255	konst.
5	Reissner	1,5	0,26	3,0	2	515	1,48
6	Rettig	2,5	0,3	4,0	4	400	konst.
7	Ruthenberg	2,5	0,14	4,0	4	1965	2,5
8	„	1,5	0,12	2,64	4	1223	1,5
9	Zeise	1,6	0,175	veränderlich	3	480	1,140
10	Zeise	1,02	0,19	veränderlich	2	440	0,580

*) Fabrikant: Poelke, Besteller: Dr. Gans-Fabrice.   ¹) Die Klischees sin

Material	Profil Wölbungstiefe ') $\dfrac{p}{b} = \varphi$ mm		Bemerkung
Holzrahmen mit Ballonstoff	15/375 geschätzt		
} Aus einem Stück Holz geschnitzt	10/260		Rechtslaufend Links "
Verleimte Holzplatten	10/255		
Stahlarme mit Aluminiumblech			
Holzfourniere hohl über Quer ippen			
} Zwei Stahlrohrfelgen mit Speichenkreuzen, von denen immer zwei zusammengehörige mit Ballonstbff überzogen sind	gerade "		Sonst gemeine Schraubenfläche
{ Stahl-Aluminiumgerippe, mit Ballonstoff überspannt; Stahlarme, Bronzenabe	18/480		
{ Stahl-Aluminiumgerippe, mit Ballonstoff überspannt; Stahlarme, Bronzenabe	20/440		

ein nach gleichen Prinzipien gebautes Prüfautomobil; aber die hübscheste Erweiterung dieses Gedankens stellt doch das fliegende Laboratorium nach den Vorschlägen von Dorand ausgeführt durch Legrand und Gondard in Chalais-Meudon dar, bei welchem eine ganz ähnliche Vorrichtung einfach in ein Flugzeug und zwar einen Zweidecker eingebaut ist. Es liegen zwar noch keine Mess-Resultate vor, aber ich bin überzeugt, dass sich auf diese Weise gute Vergleichswerte erzielen lassen müssen, wenn auch die verschiedenen Schraubentypen nicht soweit voneinander abweichen dürfen wie bei den vorerwähnten Wagen.

Fig. 38.
Chauvière: Propeller-Prüfwagen.

26. Für den Ila-Prüfwagen sollen noch einige Ergebnisse von Luftschrauben-Wettbewerben mitgeteilt werden, weil diese z. T. als Vergleich für die Berechnungsmethoden herangezogen werden können, dann aber auch weil sich nach den Prandtl'schen Vorschlägen eine sehr zweckmässige Auftragung der Ergebnisse ermöglicht, die ohne weiteres für Neukonstruktionen verwendbar erscheint. Tabelle V stellt die hauptsächlichsten, geprüften Schrauben nach ihren Abmessungen zusammen, so dass über die

einzelnen Konstruktionen nur noch wenig gesagt werden braucht. Die Abmessungen in der vorletzten Rubrik bei den Skizzen gelten stets in der Richtung Nabe — aussen; z. B. Zeise Nr. 10

Fig. 40.
Wright-Propeller, Bauart Poelke.

Fig. 39.
Gross-Propeller.

Fig. 41.
Kl. Reissner-Schraube.

Fig. 42.
Gr. Reissner-Schraube.

Flügelbreite in der Nähe der Nabe 210, dann steigend bis 440 und wieder verjüngend auf 220, bedeutet, das Profil hat an der

Die Abbildungen entstammen der Arbeit des Verfassers: Band II IIa-Denkschr. Julius Springer, Berlin.

Nabe eine Wölbungstiefe von 12 mm, vertieft sich auf 20 mm Pfeiltiefe und wird dann zum Umfang hin völlig flach.

Der von G r o s s - Ems entworfene Probellermechanismus soll eine während der Fahrt vom Führerstand zu betätigende Umsteuerbarkeit bezwecken. Gerade diese besondere Eigenschaft liess sich jedoch bei dem verhältnismässig schweren Wagen nicht erproben, (Fig. 39). Die Flügel bestehen aus einem Gerippe von zwei gegen einander verdrehbaren Holzstäben, die durch einen elastischen Stab verbunden sind (eben der Reversierbarkeit wegen); die Fläche wird von Ballonstoff gebildet, der sich wohl im Betriebe einwölbt; das Nabenmaterial ist Rübelbronze.

Die Konstruktion der Wright-Propeller (Bauart Poelke) ist bekannt, es sei hier nur angefügt, dass die geprüften Schrauben aus e i n e m Stück Holz geschnitzt waren, was leider bei dem einen zum Bruch führte; die dann erfolgte Reparatur konnte nicht ganz verhindern, dass der eine Flügel sich während des Betriebes etwas deformierte, was natürlich die Leistung stark herabminderte (Fig. 40). Die von der deutschen Gesellschaft gebauten Propeller werden jetzt auch aus mehreren Brettern zusammengeleimt. Die kleinere R e i s s n e r - Schraube ist aus einzelnen durch die Achse hindurchgehenden Holzschichten zusammengesetzt, die gut miteinander verleimt und auf der ganzen Fläche mit einem Leinwandüberzug geschützt sind (Fig. 41 u. 42). Die Flügel der zweiten Schraube sind aus Aluminiumblech gepresst (und zwar mittels Zementformen in der Versuchsanstalt von Prof. J u n k e r s - Aachen); ein Vorder- und ein Rückenblech umschliessen den allmählich zugeschärften Stahlarm und sind sowohl untereinander als auch mit dem Arm durch Kupferniete verbunden. Wie sehr der Konstrukteur der auf die höchste Ökonomie aller Teile angewiesenen Luftfahrt Rechnung getragen hat, das ist deutlich aus der Umwickelung der Arme direkt bei den Flügeln zu sehen; die an sich runden Arme erhalten durch diese Umwicklung einen vorn und hinten (d. h. bei ihrer Relativbewegung) zugespitzten Querschnitt. Gerade diese Kleinigkeiten lassen so viele Neukonstruktionen sehr zum eigenen Nachteil ausser acht, so dass ich bei dieser Gelegenheit ausdrücklich darauf hinweisen möchte.

Eine hervorragende Leistung moderner Holzverarbeitung stellt die 5 m Propeller-Schraube von Oberbaurat Rettig dar, deren 4 völlig hohl gearbeitete Flügel sich über einzelnen, den Querschnitten entsprechenden Profilen aufbauen und aus schräg verlegten Fournieren bestehen, so dass sich bei tadelloser Bearbeitung eine sehr grosse Festigkeit ergibt (Fig. 36).

Der in gleichen Abmessungen gehaltene Konkurrent war die 5 m-Ruthenberg-Schraube. Bei dieser war nicht die Flügelbreite konstant angeordnet wie beim Rettig-Propeller, sondern die Schraubentiefe. Ihr Erfinder, der Berliner Fabrikant Ruthenberg, hat mit dieser Konstruktion die Wege gezeigt, bei grossen Abmessungen doch leichte Gewichte zu erzielen; wiegt doch der 5 m-Propeller nur 34 kg. Dies ist hauptsächlich durch die Verwendung zweier den äusseren Spitzenkreis bildender Rohrfelgen erreicht, die durch Speichenkreuze ebenfalls aus feinem Stahlrohr mit der Nabe verbunden sind. Bildet die senkrechte Entfernung — der Abstand — der beiden Felgen die Schraubentiefe, so lässt sich durch entsprechende Verdrehung der Speichenkreuze gegeneinander die gewünschte Steigerung einstellen, d. h. nur vor der Fertigmontage, nicht während des Betriebes (wie häufig zu lesen ist). Je zwei zusammengehörige Speichen werden nun mit in Leinölfirnis getränkten Ballonstoff verbunden und bilden so die aktive Flügelfläche, also eine gemeine Schraubenfläche. Eine Anzahl feiner Spanndrähte gibt diesem Gefüge die nötige Festigkeit, gewährleistet auch jederzeit ein Nachspannen, bietet aber recht viel Luftwiderstand.

Um den Arbeitsverbrauch der Schraube wenigstens in kleinen

Fig. 43.
Ruthenberg-Propeller mit schmalen Flügeln.

Fig. 44.
Nabenkonstruktion der Zeise-Propeller.

Grenzen nach der Leistung des zur Verfügung stehenden Motors variieren zu können, ist es häufig wünschenswert, die Flügel um ein geringes vor dem endgültigen Einbau verdrehen zu

Fig. 45.
Saugseite eines dreiflügeligen Zeise-Propellers.

können; dieser Möglichkeit tragen die Luftschrauben der Firma
Z e i s e-Altona in jeder Weise Rechnung. Zu diesem Zweck werden
in einer Rübelbronze-Nabe stets kreisrunde Buchsen vorgesehen,
in welche die Ansätze der Flügelarme, ev. mit feinem Ge-
winde, hineinpassen; je ein durch Schrauben anzupressender
Federkeil bzw. Quadrantschrauben sichern die Einstellung. Die
Schrauben werden aus Stahlarmen gebildet, auf die sich in
bestimmten Abständen Aluminiumrippen setzen, die wieder am
Umfang durch einen festen Stahldraht verbunden sind, wodurch
die Flügelform festgelegt ist. Dieses Gerippe wird nun mit
einem besonders präparierten Ballonstoff bespannt, der unter
allen Witterungseinflüssen seine Straffheit bewahrt.

Fig. 46.
Druckseite einer zweiflügeligen Z e i s e - Schraube.

26. In Tabelle VI sind die Versuchsergebnisse in einer für Fach-
leute übersichtlichen Manier zusammengetragen und zwar gilt
die zweite Hälfte: die Fahrversuche z. T. als Ergänzung der
später folgenden Kurven. Bei den Standversuchen sind für jede
Schraube die Konstanten errechnet, aus denen sich für eine bestimmte Umdrehungszahl der Schub und das hierzu nötige Drehmoment ergibt und zwar bedeuten die eingetragenen Tourenzahlen die bei den Versuchen eingehaltenen Grenzen derselben.
Soll z. B. für die 3 m-Ruthenberg-Schraube mit geraden Flächen
bestimmt werden, wieviel Schub sie bei 400 Minutenumdrehungen ergibt, und wie viele Pferdestärken sie hierzu verbraucht,
so ist lediglich aus der ersten Rubrik 9,860 mit $\left(\dfrac{n}{100}\right)^2$, alsomit
16 zu multiplizieren, woraus sich ein Schub von 157,76 kg er-
gibt; die Konstante der nächsten Rubrik 0,5810, mit $\left(\dfrac{n}{100}\right)^3$,
also mit 64 multipliziert, bestimmt den hierfür erforderlichen

Tabelle VI.

Nr.	Name	Äuss. Radius r m	Minuten Umdrehungen gemessen zwischen: n	Standversuche $P\left(\dfrac{100}{n}\right)^2$	$Ni\left(\dfrac{100}{n}\right)^3$	Maximum Schub/PS	B₍
1	Gross	1,13	736—865	2,142	0,0620	4,14	
2	Poelke	1,31	330—544	3,540	0,2438	2,24	
3	„	1,31	246—585	3.250	0,2350	2,06	
4	Reissner	1,05	498—1092	1,561	0,0421	3,8	
5	„	1,5	—	—	—	—	
6	Rettig	2,5	118—197	75,000	6.7820	5.52	
7	Ruthenberg	2,5	147—198	66,750	5.9100	5,35	
8	„	1,5	299—446	9,860	0,5810	4,39	
9	Zeise	1,6	—	—	—	—	
10	„	1,02	546—1125	1,260	0,0348	3,35	

[1]) Diese Schrauben waren nur für Aufgabe 1 und 2 des internationalen Wettbewe

	Fahrversuche						
	η_{max}	Zu-gehöriges λ	ε_{max}	Zu-gehöriges λ	ϑ_{max}	Zu-gehöriges λ	Bemerkungen
	0,337	0,125	0,505	0,125	1,93	0,086	
	0,429	0,173	0,533	0,153	1,78	0,153	
	0,723	0,298	0,82	0,298	1,775	0,194	
	0,622	0,192	0,758	0,186	3,72	0,099	[1]
	0,826	0,284	0,936	0,284	3,31	0,231	[1]
	0,77	0,280	0,908	0,253	3,71	0,196	
	0,453	0,220	0,513	0,215	1,073	0,196	
	0,372	0,196	0,447	0,196	0,875	0,196	
	0,71	0,172	0,87	0,157	3,93	0,155	
	0,633	0,160	0,836	0,160	4,8	0,120	

Arbeitsverbrauch zu 37,184 PS, so dass sich ein Quotient Schub/PS von 4.29 errechnet.

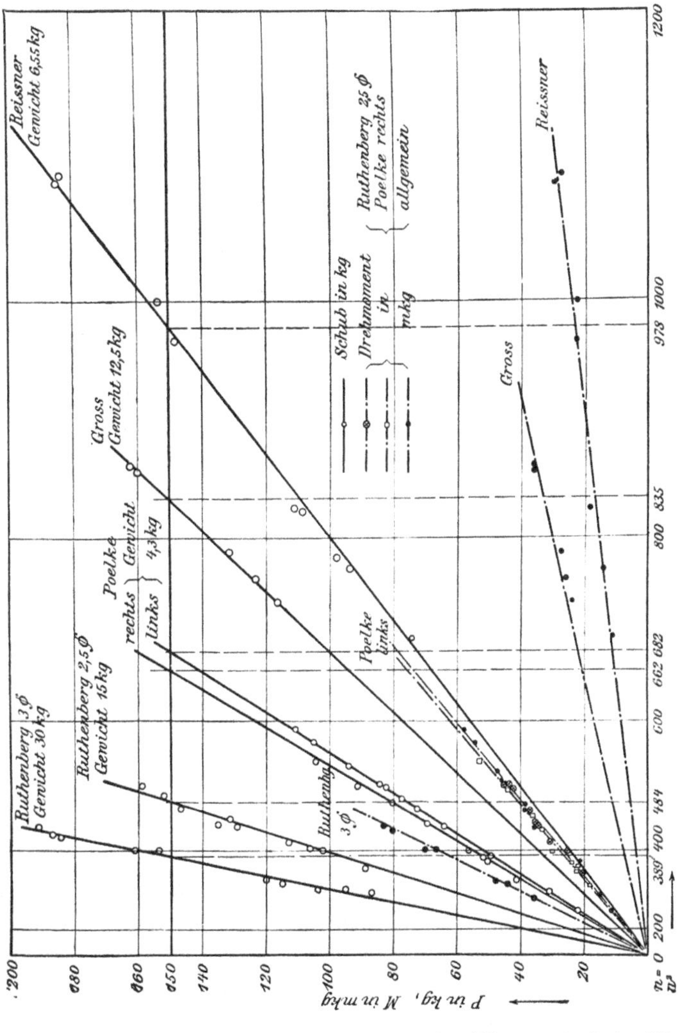

Fig. 47. Ergebnisse von Standversuchen mit Propellern.

Einige bei Standversuchen ermittelte Werte sind in Fig. 47 vereinigt und ich möchte besonders auf die sehr wichtige Erscheinung hinweisen: Die zusammengehörigen Punkte der einzelnen Propeller, d. h. Schub und Drehmoment, liegen in guter Übereinstimmung auf Geraden, die durch den Nullpunkt gehen; die Schubkraft und das zu ihrer Erzeugung notwendige Drehmoment wächst also in genauer Anlehnung an die bestehenden Theorien mit dem Quadrate der Tourenzahl, woraus sich eine gute Kontrolle der Versuche ergibt.

Die „Bewertungsziffer" der Standversuche ist berechnet nach:

$$N i^2 \cdot r \cdot G, \qquad (63)$$

welche Formel von Dipl.-Ing. Eberhardt aufgestellt ist. Je kleiner diese Ziffer für bestimmte Schrauben ausfällt, desto besser ist der Propeller für seinen Zweck geeignet. Diese Formel wurde dem Wettbewerb des Kgl. Preuss. Kriegsministeriums zugrunde gelegt. welcher von den Schrauben bis 3 m Ø am Stande mindestens 150 kg Schub, bis zu 5 m Ø mindestens 300 kg Schub verlangte. In der ersten Gruppe gingen die Reissner- und Gross-Schraube (Nr. 4 und 1) als Sieger hervor; in der zweiten siegten der Ruthenberg- und Rettig-Propeller (Nr. 7 u. 6), wie sich ohne weiteres aus den Bewertungsziffern ergibt.

Die mit den einzelnen Luftschrauben vorgenommenen Erprobungen lieferten je eine Reihe von automatischen Registrierungen, wie wir zwei aus den Fahrversuchen in den Fig. 49 und 50 abgebildet finden; aus diesen Registrierungen werden dann (wie unten gezeigt) die für die Bewertung nötigen Grössen errechnet.

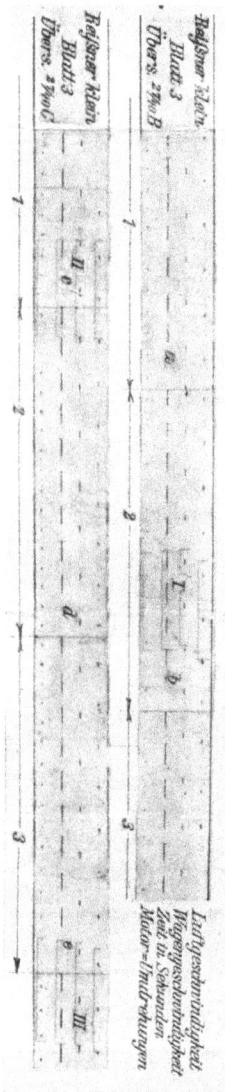

Fig. 48. Photographische Wiedergabe eines Streifens Chronographenpapier mit den 4 Reihen Aufzeichnungen.

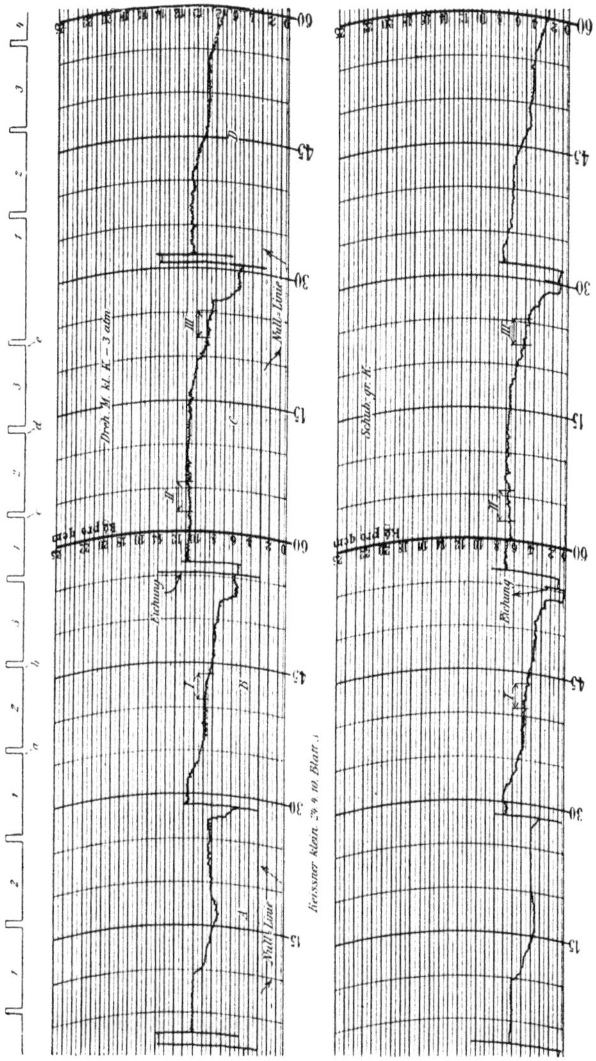

Fig. 49.

Photographische Wiedergabe des Manometer-Bulletins, zur gleichen
Messung wie Streifen Fig. 48 gehörig.

7*

Für den Internationalen Schraubenwettbewerb waren die betreffenden Bewertungsformeln von Herrn Prof. Dr. Prandtl-Göttingen aufgestellt; sie sollen hier nur ganz kurz ihrer Bedeutung gemäss angegeben werden[1]):

1. Der Wirkungsgrad

des Propellers (d. h. das Verhältnis der gewonnenen Arbeit zu der aufgewandten Arbeit) wird erhalten durch die Beziehung

$$\eta = \frac{P \cdot v}{M \cdot \omega}.$$

2. Als Gütegrad der Raumausnutzung

bei Beschränkung in den Aussenmassen des Propellers ergibt sich das Verhältnis des Wirkungsgrades des Propellers zu dem Wirkungsgradmaximum, das ein idaler Propeller von gleichem Aussendurchmesser 2 r bei der beobachteten Fahrgeschwindigkeit v und Schubkraft P erreichen könnte (siehe S. 26). Wird zur Abkürzung die aus lauter gemessenen Grössen gebildete Zahl $\varphi = \dfrac{P \cdot g}{\gamma \cdot \pi \cdot r^2 \cdot v^2}$ eingeführt (g = Erdbeschleunigung, π = 3,14159 .. —), so ergibt sich der Gütegrad der Raumausnutzung ζ zu

$$\zeta = \eta \left(\frac{1}{2} + \sqrt{\frac{1}{4} + \frac{\varphi}{2}} \right).$$

3. Eine Masszahl für die Eignung eines Propellertyps zur direkten Kuppelung (also für die Eignung als Schnelläufer)

ergibt sich in der Grösse

$$\vartheta = \frac{P^2}{M^2 \cdot \omega} \sqrt{\frac{P \cdot g}{\gamma}};$$

diese ist das Produkt des Wirkungsgrades mit einer Wertziffer

---

[1]) Näheres über die Ableitung der Formeln siehe im Bericht des Verfassers: Band II der Denkschrift der Ersten Internationalen Luftschiffahrt-Ausstellung (Ila) Frankfurt a. M. 1909. S. 259 ff; dem auch die mit dem Vermerk: Julius Springer-Berlin bezeichneten Bilder entnommen sind.

für grösste Kraftentfaltung bei gegebenem Drehmoment und ist um so grösser, je grösser einerseits die Kraftentfaltung, andererseits der Wirkungsgrad ist.

Die drei Masszahlen ι, ζ und ϑ nehmen für verschiedene Betriebszustände ein und desselben Propellers verschiedene Werte an; dadurch, dass man diese Werte als Ordinaten zu der den Betriebszustand charakterisierenden Grösse $\lambda = \dfrac{v}{r \cdot \omega}$ [1] als Abszisse aufträgt, ergeben sich Kurven, die für einzelne Propellertypen charakteristisch sind.

Den Rechnungsgang selbst und dadurch auch die Bedeutung der Kurven werden wir am besten an folgendem kleinen Beispiel — der kleinen Reissner-Schraube — kennen lernen: Von allen Prüffahrten liegen Diagramme wie Fig. 49 vor, zu denen dann noch entsprechende Streifen des Chronographen-Papiers gehören (Fig. 48). Es werden nun auf diesen Streifen Teile herausgesucht, bei denen ein genügender Beharrungszustand geherrscht hat, d. h. bei denen entweder eine nahezu konstante Wagengeschwindigkeit aufgezeichnet ist, oder bei denen eine wenig merkliche Änderung dieser Wagengeschwindigkeit doch nur durch gleichzeitige Änderung der Motortourenzahl bedingt ist. Die untere Schubkurve ist unter Benutzung des grossen Kolbens aufgezeichnet, jedes Kilogramm-Quadratzentimeter entspricht also nach dem Querschnitt $\dfrac{6^2 \pi}{4} = 28,3$ kg, im Fall II z. B. $6,6 \cdot 28,3 = 186,4$ kg. Nun ist aber durch den Winkelhebel die Schubkraft des Propellers im Verhältnis $2:1$ in die Druckstange geleitet, also ergibt sich ein wirklicher Schub von 93,2 kg. Bei der Aufschreibung des Drehmoments ist vermerkt, dass von der Aufzeichnung 3 kg/qcm abzuziehen sind, dass also die Null-Linie beim Strich 3 liegt. Dies wurde durch ein Zusatzgewicht hervorgerufen, das an die Druckstange gehängt war, um bei den kleinen Drucken bestimmt aus dem

---

[1] Vgl. hierüber den Aufsatz von L. Prandtl: Bemerkungen über Dimensionen und Luftwiderstandsformeln; Zeitschr. f. Flugtechnik und Motorluftschiffahrt. Jahrg. I. S. 157 ff.

Reibungsgebiet des kleinen Kolbens herauszukommen, welches Verfahren häufig angewendet werden musste. Das Drehmoment überträgt sich auf die Druckstange durch einen Hebelarm von 0,5 m, also entspricht beim gleichen Beispiel der Druck von $10,62 - 3 = 7,62$ kg/qcm bei einem Querschnitt des kleinen Kolbens von

$$\frac{3^2\,\pi}{4} = 7,07 \text{ cm}^2 \quad 7,62 \,.\, 0,5 \,.\, 7,07 = 26,9 \text{ mkg}.$$

Die zugehörigen Tourenzahlen und Geschwindigkeiten sind nun aus dem Chronographen-Papier zu bestimmen. In der dritten Reihe von oben sind die regelmässigen Zeitkontakte der Uhr deutlich zu erkennen, nach je neun Strichen eine Lücke für die zehnte Sekunde.

Zur Ausrechnung wird einfach ein bestimmtes Zeitintervall abgegrenzt, z. B. in Fall III 3 Sekunden, und seine Strecke auf den drei anderen Reihen abgetragen.

Für unser Beispiel ergibt sich nun aus der oberen — der Anemometer-Punktreihe eine Geschwindigkeit des Propellers gegen die Luft von 2,4 Punkten in 3 Sekunden, d. s. 0,8 Punkte/Sek., also von $0,8 \,.\, 20$ m $= 16$ m/Sek.; hierzu kommt noch die Anemometer-Korrektion, die für diese Geschwindigkeitsablesung 0,975 beträgt, so dass sich die wirkliche Geschwindigkeit zu $v = 15,5$ m/Sek. errechnet. Aus der zweiten Reihe bestimmt sich die Wagengeschwindigkeit nach folgender Überlegung: Der Kontaktgeber auf der Wagenachse hat drei Stifte bei 30 Zähnen und eingängiger Schnecke, also bedeutet jeder Kontakt 10 Radumläufe, die wiederum bei 500 mm Durchmesser $= 15,28$ m sind: 2,15 Punkte in 3 Sekunden oder 0,715 pro Sekunde entsprechen dann einer Wagengeschwindigkeit von $w = 0,715 \,.\, 15,28$ m $= 10,8$ m/Sek. In analoger Weise ergibt das Diagramm eine Motortourenzahl von $4,25 \,.\, 15 \,.\, \dfrac{60}{3} = 1275$ Touren, woraus sich die Propeller-Umdrehungen durch Einfügen der Übersetzung $^{27}/_{40}$ zu $n = 865$/Minute bestimmen.

Recht zweckmässig ist es, die Bewertungsgrössen sofort nach dem Ausrechnen in ein Koordinaten-System einzufügen, deren

Abszissen die einzelnen Werte von λ bilden, während η, ζ und ϑ in einem passenden Massstab als Ordinaten aufgetragen werden. Auf diese Weise ergibt sich schon nach wenigen Punkten aus dem Verlauf der Verbindungskurve dieser Punkte eine gute Kontrolle der Rechnungen, die bei besonders herausfallenden Punkten sofort eine Nachprüfung veranlasst.

In Fig. 50 sind nun die Güteziffern in der vorerwähnten Weise als Ordinaten zu dem jeweiligen λ-Wert aufgetragen.

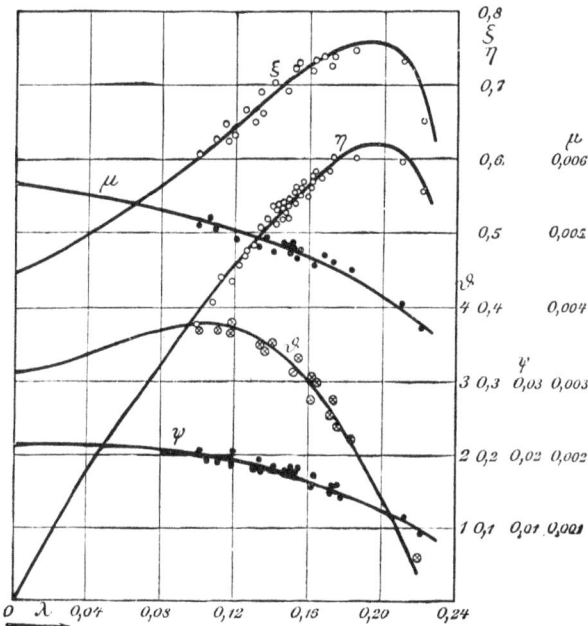

Fig. 50.
Kurvendiagramm der kleinen R e i s s n e r - Schraube.

Der Wirkungsgrad $\eta = \dfrac{P \cdot v}{M \cdot \omega}$ muss durch den Koordinaten-Anfangspunkt gehen, weil für $v = 0$ sowohl λ als auch $\eta = 0$ wird. Über den ersten Verlauf der η-Kurve gibt es, wenn Versuche auf dem Stand verliegen, noch einen Anhalt. Erweitert man nämlich $\eta = \dfrac{P \cdot v}{M \cdot \omega}$ mit r, so kann man in diesem Ausdruck

$\dfrac{P \cdot r}{M} \cdot \dfrac{v}{r \cdot \omega}$ den zweiten Faktor durch λ ersetzen, für λ_0 muss also

$\dfrac{d\eta}{d\lambda} = \dfrac{P \cdot r}{M}$ sein. Für die kleine Reissner-Schraube ergibt dies 6,15, nach welchem Wert auch der erste Teil der Kurve gezeichnet ist. Der endliche Wert von ζ und ϑ für λ_0 ist ohne weiteres durch Einführung der Standversuchs-Ergebnisse in die Formel zu bestimmen. Die Kurven sind durch passende Wahl des Ordinaten-Massstabes übersichtlich zusammengerückt und die Massstäbe an der rechten Seite aufgezeichnet.

Gemäss den Vorschlägen von Prof. Dr. Prandtl, die in dem bereits zitierten Aufsatz niedergelegt sind, nämlich nach Möglichkeit alle Versuchsergebnisse in dimensionslosen Grössen festzulegen, sollen nunmehr unter Zugrundelegung eines „rationalen Masssystems" die Zahlenwerte eingeführt werden, welche als Kennzahlen für Leistung und Schubkraft eines Propellers anzusehen sind.

Als bestimmende Grössen treten bei Luftschrauben der Radius der Schraube r, die Schraubensteigung h. die Winkelgeschwindigkeit ω (aus der Umdrehungszahl n), die Fortschreitungsgeschwindigkeit v der Schraubenachse relativ zur umgebenden Luft und die Luftdichte $\dfrac{\gamma}{g}$ auf. Zunächst ergibt sich in dem Verhältnis der Fortschreitungsgeschwindigkeit v zur Umfangsgeschwindigkeit $r \cdot \omega$ eine dimensionslose Grösse λ; nur die Fälle, in denen λ konstant ist, dürfen miteinander verglichen werden. Als Fläche wird zweckmässig die Schraubenkreisfläche $\pi \cdot r^2$ gewählt; als Geschwindigkeit das Produkt $r \cdot \omega$, weil es dadurch möglich wird, die beiden Kennzahlen auch für die am festen Punkt arbeitende Schraube aufzustellen. (Nimmt man dagegen als Geschwindigkeit v, so führt diese, weil sie für den Stand $= 0$ wird, den neuen Zahlenwert auch auf 0 zurück.) Wir erhalten nun die Formel

$$P = \psi \cdot \pi \cdot r^2 \cdot \dfrac{\gamma}{g} \cdot r^2 \cdot \omega^2.$$

Hierin ist P in kg, r in m, γ in kg/m³, die Beschleunigung g in m/sec² und $r \cdot \omega$ als Geschwindigkeit in m/sec. Also heisst es

$$kg = \psi . \pi . m^2 . \frac{kg}{m^3} . \frac{sec^2}{m} . \frac{m^2}{sec^2};$$

nachdem Gleiches fortgehoben .ist:

$$kg = \psi . Zahl . kg.$$

Folglich ergibt sich ψ als reiner Zahlenwert, wobei es gleichzeitig als Funktion von $\lambda = \dfrac{v}{r . \omega}$ aufzufassen ist. Die zuzuführende Arbeitsleistung unterscheidet sich von der Kraft durch einen Faktor von der Dimension einer Geschwindigkeit. Fügt man also r . ω als Faktor auf der rechten Seite hinzu, so ergibt sich

$$L = \mu . \pi . r^5 . \omega^3 . \frac{\gamma}{g}$$

Ferner ist $L = M . \omega$, folglich

$$M = \mu . \pi . r^5 . \omega^2 . \frac{\gamma}{g}$$

Nach diesen Formeln sind die einzelnen ψ- und μ-Punkte errechnet und in Fig. 50 eingetragen; will man nun für irgend einen Zustand P und M ermitteln, so ist es nur nötig, aus dem gegebenen v und ω $\lambda = \dfrac{v}{r . \omega}$ zu errechnen und die zugehörigen μ und ψ Werte der Figur zu entnehmen; hieraus ergibt sich dann auch die vorstehenden Formeln P und M.

Wird z. B. n $= 980$, entsprechend einem $\omega = 102,5$, $v = 15$ m/sec angenommen, so ist zunächst $\lambda = \dfrac{15}{1,05 . 102,5} = 0,1395$, hierfür ist $\psi = 0,018$, $M = 0,0048$; dann wird also die Schubkraft

$$P = \psi . \pi . r^4 . \omega^2 . \frac{\gamma}{g} = 0,018 . 3,14 . 1,05^4 . 102,5^2 . \frac{1,188}{9,81} = \mathbf{88 kg};$$

das Drehmoment

$$M = \mu . \pi . r^5 . \omega^2 . \frac{\gamma}{g} = 0,0048 . 3,14 . 1,05^5 . 102,5^2 . \frac{1,188}{9,81} = \mathbf{24,4 mkg}$$

Natürlich lassen sich auch die Pferdestärken direkt bestimmen:

$$\mathrm{Ni} = \mathrm{M} \cdot \frac{\omega}{75} = \mu \cdot \frac{\pi}{75} \cdot \frac{\gamma}{g} \cdot r^5 \cdot \omega^3 = 33,1 \ \mathrm{PS}.$$

Wie wir unter (9) gesehen haben, müssen Propellerflügel
denselben Verhältnissen unterworfen sein wie die Tragdecks
der Flugzeuge und demnach auch wie die Platten im bewegten
Luftstrom. Das lässt sich sehr hübsch in Fig. 51 durch den

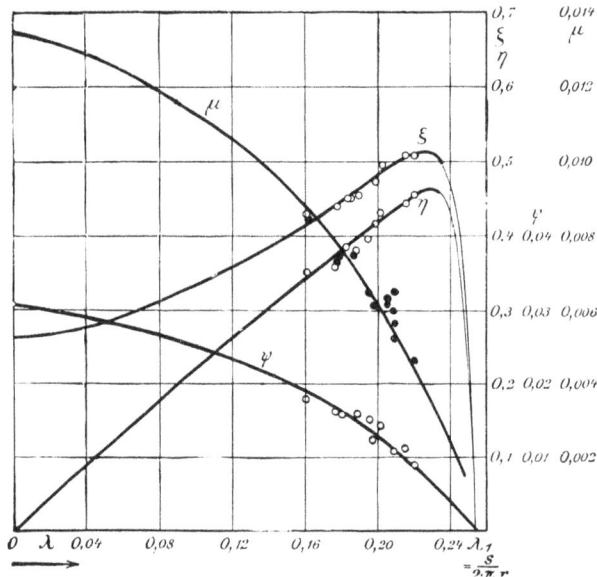

Fig. 51. Verlauf der Kurven für eine mathematische, gerade Schraubenfläche (Ruthenberg-Propeller, 5 m ⌀).

stetigen Verlauf der ψ-Kurve und ihren Schnitt mit der Abszissenachse nachweisen. Der Schnittpunkt bedeutet ja nichts
anderes, als dass die Schubkraft $= 0$ wird; dies kann aber nur
dann eintreten, wenn der Propeller sich mit einer solchen Geschwindigkeit bewegt, dass die einzelnen Flügelelemente bei
ihrer Bewegung keinen Schub oder, allgemeiner gesprochen,
keinen Auftrieb mehr geben. Bei geraden Platten, entsprechend
geraden Flügelflächen, trifft dies zu, wenn sie gegen die Be-

wegungsrichtung keinerlei Neigung aufweisen; bei gewölbten
Platten, die also auch gewölbten Flügeln entsprechen müssten,
wird der Auftrieb jedoch erst $= 0$, wenn sie gegen die Be-
wegungsrichtungen einen negativen Neigungswinkel von $2^0 30'$
bis 3^0 einnehmen. (Ich verweise hier auf die mehrfach er-

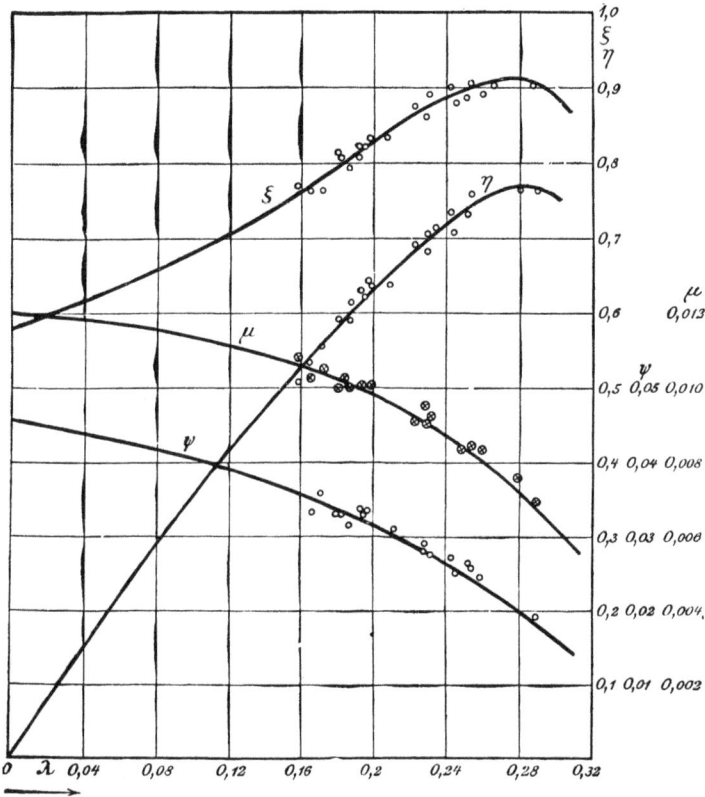

Fig. 52. Rettig-Propeller 5 m ().

wähnten Untersuchungen von O. Föppl). Die Schubkraft einer
Schraube mit geraden Flügeln verschwindet, wenn sie sich mit
der Geschwindigkeit fortbewegt, die ihrer Steigung entspricht;
wenn sie sich also wie eine feste Schraube in ihre Mutter ein-
schraubt. Wenngleich nun die Versuchspunkte in Fig. 51 nicht

soweit gehen, so zeigt sich doch deutlich, dass die ψ-Kurve die Abszissenachse im Punkt $\lambda_1 = \dfrac{h}{2 \cdot r \cdot \pi}$ schneidet. Mit ψ wird aber $P = 0$, folglich müssen auch die Kurven des Wirkungsgrades sowie von der Güteziffer der Raumausnutzung im gleichen Punkt durch die Abszissenachse gehen, was durch feine Linien für beide Kurven angedeutet ist. Ich darf an dieser Stelle wohl in Erinnerung bringen, dass der zu diesen Kurven gehörige Ruthenberg-Propeller vollkommen gerade Flügel sowie konstante Steigung aufweist.

Im Gegensatz zu den anderen Kurven behält die μ-Kurve noch einen endlichen Wert, wenn $P = 0$ wird; dies hat seine Ursache darin, dass sich in ihr die ganzen Reibungsverluste zum Ausdruck bringen, die bei der Arbeitsumsetzung verloren gehen.

27. In Fig. 52 sind die entsprechenden, sich aus den Messungen ergebenden Kurven des 5 m Rettig-Propellers aufgetragen und hier ergibt sich nun eine interessante Gegenüberstellung zwischen Fig. 51 und 52, die betreffs des erreichten η und ε sehr zugunsten des Rettig-Propellers ausfällt. Die Kurven sind aber noch aus einem andern Grund hier angeführt, weil diese Luftschraube hinsichtlich ihrer Konstruktion ungefähr dem Ergebnis der Rechnungen entspricht, die wir für unser Beispiel 1 angestellt hatten.

Es waren hier bei 250—270 Touren per Minute und $v = 16$—18 m/Sec mindestens 150 kg Zugkraft verlangt und als Durchschnittswerte der Rechnungen hatte sich ergeben: $d = 5$ m, $h = 4$—4,4 m, $r_1 = 0,3$—0,4 m, $b = 0,26$—0,5 m, $z = 4$, $N = 36$—50 PS, $\eta = 0,73$—0,79. Der Rettig-Propeller hatte nun die Ausmasse: $d = 5$ m, $h = 4$ m, $r_1 = 0,4$ m, $z = 4$.

Für obige Zahlen ergibt sich aus ω, r und v zunächst $\lambda = 0,26$, wofür sich aus dem Kurvenblatt $\eta = 0,74$, $\psi = 0,024$ und $\mu = 0,0081$ ablesen lässt; hieraus errechnet sich die Schubkraft zu

$$P = \psi \cdot \pi \cdot r^4 \cdot \omega^2 \cdot \frac{\gamma}{g} = \sim 210 \, \text{kg}$$

und die nötigen Pferdestärken zu

$$\mathrm{Ni} = \mu \cdot \frac{\pi}{75} \cdot \frac{\gamma}{g} \cdot r^5 \cdot \omega^3 = 70 \text{ PS}.$$

Die Schraube hat also einen wesentlich höheren Schub ergeben, dabei allerdings auch einer erhöhten Arbeitszufuhr bedurft. Das hat seinen Grund in der ausserordentlich stark gewölbten Profilierung der Saugseite, die bei den Rechnungen ja gar nicht berücksichtigt wurde. Nehmen wir dagegen das Beispiel Seite 73 in welchem die Profilierung der Saugseite, die ja fraglos von erheblichem Einfluss auf die Wirkung des Propellers ist, durch Einführung eines von Fall zu Fall festzulegenden Zuschlagwinkels in die Rechnung einbezogen ist, so haben wir dort: P = 176 kg, $v = 13{,}6$ m/Sek. und n = 215 für die gleiche Schraube. Es bestimmt sich dann wieder aus r, ω und v ein $\lambda = 24{,}2$, wofür sich nach Fig. 52 $\eta = 0{,}73$. $\psi = 0{,}026$ und $\mu = 0{,}0086$ ergibt. Daraus folgt wieder eine Schubkraft zu

$$\mathrm{P} = \psi \cdot \pi \cdot r^4 \cdot \omega^2 \cdot \frac{\gamma}{g} = \sim \mathbf{180} \text{ kg}$$

$$\mathrm{N} = \mu \cdot \frac{\pi}{75} \cdot r^5 \cdot \omega^3 \cdot \frac{\gamma}{g} = \sim \mathbf{45} \text{ PS}.$$

Für unser Beispiel würde der Propeller also durchaus richtig bestimmt sein, jedoch hätte der betreffende Motor seine 45 PS bereits bei einer Propeller-Umdrehungszahl bis n = $\sim$ 230 Touren abzugeben. In jedem Fall ist also ein Aufzeichnen und genaueres Durchrechnen nach der von mir angegebenen Methode unter Hineinbeziehung des mittleren Einfallwinkels zweckmässig, weil sich erst dadurch mit der Wirklichkeit übereinstimmende Resultate ergeben.

28. Aber das Auftragen der Messresultate für eine fertig gebaute Schraube hat ausser der Erprobung und der Kontrolle der Rechnungsmethode noch einen weiteren Zweck und dieser erscheint mir noch als der wichtigere. Mit einem ähnlichen Prüfwagen sind vom französischen Genie-Kapitän D o r a n d , weiter von den S i e m e n s - S c h u c k e r t - Werken u. a. Vergleichsversuche mit geometrisch ähnlichen Schrauben angestellt worden,

die durchaus eine Bestätigung der Theorie ergeben. Nach allen diesen Versuchen haben die Umrechnungen von Prandtl ergeben, dass geometrisch ähnliche Schrauben gleiche Kurven für die dimensionslosen Grössen besitzen, woraus dann weiter folgt, dass auch die hieraus abgeleiteten Funktionen der Güteziffern η, ς und ϑ gleichen Verlauf nehmen müssen. Und hier erweisen sich nun die von Prandtl[1]) aufgestellten dimensionslosen Grössen von grossem Nutzen, wenn es sich darum handelt, aus irgendwelchen vorliegenden Kurven (etwa in der Art unserer Abbildungen) für irgendeine Verwendungsart die zweckmässigste Schraube auszuwählen. Es hat ja jedes Kurvenblatt für jede beliebige Schraube Gültigkeit, wenn diese nur die geometrische Ähnlichkeit mit dem Original einhält. Bei den in Fage kommenden Aufgaben ist meist der Schraubenschub P und die Fortschreitungsgeschwindigkeit v vorgeschrieben; greift man nun die dem Wirkungsgradmaximum η_{max} naheliegenden Werte von λ heraus und notiert die zugehörigen Punkte von ψ und μ, so folgt zunächst aus v und λ die Umfangsgeschwindigkeit

$$\omega \cdot r = \frac{v}{\lambda}.$$

Setzt man nun diesen Wert in die Formel für P ein

$$P = \psi \cdot \pi \cdot r^4 \cdot \omega^2 \cdot \frac{\gamma}{g} = \psi \cdot \pi \cdot r^2 \left(\frac{v}{\lambda}\right)^2 \cdot \frac{\lambda}{g}$$

so erhält man

$$r = \sqrt{\frac{P \cdot \lambda^2 \cdot g}{\psi \cdot \pi \cdot v^2 \cdot \gamma}}$$

und aus $\omega \cdot r = \frac{v}{\lambda}$ bestimmt sich dann wieder ω und n. Aus der Gleichung $L = \mu \cdot \pi \cdot r^5 \cdot \omega^3 \frac{\gamma}{g}$ oder noch einfacher aus $L = \frac{\cdots}{\eta} \cdot P \cdot v$ ergibt sich dann L bzw. durch Hinzuziehung des Faktors $1/_{75}$ direkt die Pferdestärken N. —

[1]) L. Prandtl, Zeitschr. f. F. u. M., Heft 13, S. 160.

Ein Beispiel mag diese Benutzung der Kurvenblätter erläutern: Der Rettigpropeller (Fig. 52) hat bei 5 m Durchmesser
4 m Steigung und ergibt bei 9 m/Sek. Geschwindigkeit und
rund 50 PS. 230 kg Schubkraft. Aus dem Kurvenblatt entnehmen
wir nun in der Nähe des Wirkungsgradmaximums die zusammengehörigen Werte

λ	η	ψ	μ
0,27	0,769	0,022	0,0076
0,28	0,773	0,02	0,0072
0,29	0,768	0,018	0,0068

$$g = 9{,}81, \quad \gamma = 1{,}20, \quad \frac{g}{\gamma} = 8{,}16.$$

Nun wollen wir einen Propeller nach derselben Bauart
haben, der bei 20 m/Sek. Geschwindigkeit noch 100 kg Schub
entwickelt; setzen wir nun diese und die Werte der ersten
Reihe in die Formel ein

$$r = \sqrt{\frac{P \cdot \lambda^2 \cdot 8{,}16}{\psi \cdot \pi \cdot v^2}} = \sqrt{\frac{100 \cdot 0{,}27^2 \cdot 8{,}16}{0{,}022 \cdot 3{,}14 \cdot 20^2}}$$

so erhalten wir $r_1 = \sim 1{,}47$ m; mit den Werten der zweiten
Reihe $r_2 = 1{,}59$ m; $r_3 = 1{,}74$ m; ω errechnet sich aus der

Formel $\omega = \dfrac{v}{\lambda \cdot r}$; $\omega_1 = 50{,}5$, $\omega_2 = 45$, $\omega_3 = 39{,}6$, woraus

sich dann wieder n = 482 — 430 — 378 ergibt. Die Leistung
bestimmen wir mit Hilfe von μ oder aber die Pferdestärken
direkt aus $\dfrac{P \cdot v}{75} \cdot \dfrac{1}{\eta} = \sim 35$.

Wählen wir nun einen mittleren Wert für r = 1,60 m,
dessen n = 425 am besten zu unserem Motor passt, so bestimmen sich die übrigen Abmessungen aus der geometrischen
Ähnlichkeit, also h = 2,56 m usw.

29. Zum Schluss seien noch ein paar kurze Hinweise gegeben,
wie man mittelst einfacher Apparate sich mit hinreichender Genauigkeit über die Leistung eines Maschinensatzes orientieren
kann, wenn Motor und Propeller schon in den Rumpf eines
Flugzeuges eingebaut sind. Die weiter unten beschriebene

Apparatur lehnt sich eng an die Messmethode des Schraubenprüf-
wagens der Ila an, die nach Professor Prandtl's Vorschlägen
vom Verfasser durchkonstruiert und erprobt wurde, und mittelst
derer es möglich ist, die von der Luftschraube verbrauchten
Pferdestärken wenigstens am Stande, d. h. am Startplatz schnell
zu bestimmen. Zu diesem Zweck wird das Flugzeug, wie in der
Skizze Fig. 53 angedeutet, in horizontaler Lage einseitig auf eine
Wagschale gestellt und der Motor nunmehr auf Tourenzahl gebracht. Durch die Hemmung, welche die Luftschraube im Betriebe er-

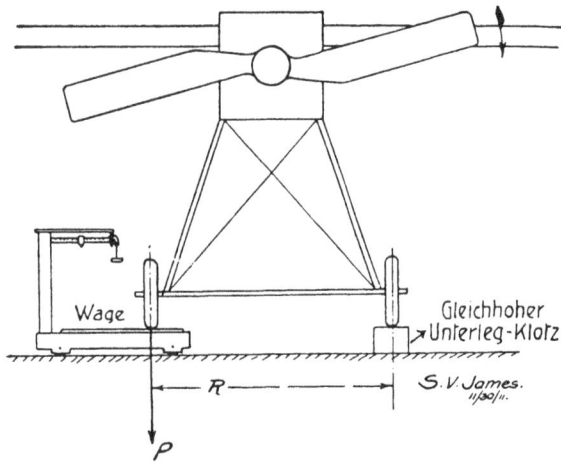

Fig. 53.

fährt, übt sie eine Reaktion auf das Unterstützungsrad aus,
welche Reaktion durch die Gewichte der Wage so ausgeglichen
wird, dass gerade Gleichgewicht herrscht.

Die Leistung des Motors ist dann $L = M \cdot \omega$ in mkg, oder
in der üblichen Bezeichnungsart (Pferdestärken) $N = \dfrac{M \cdot \omega}{75}$
in PS., wobei M das Drehmoment von Schraube und Motor ist,
ω die Winkelgeschwindigkeit wieder $= \dfrac{\pi \cdot n}{30}$.

Die Drehmoment-Reaktion, bezogen auf die Drehachse, wird
nun durch die Wage aufgehoben, also muss sein: $P \cdot R = M$,
wenn P der Belastungsunterschied bei stehendem und laufendem
Motor ist, folglich ergeben sich die Pferdestärken zu:

$$\frac{M \cdot \omega}{75} = \frac{P \cdot R \cdot n \cdot \pi}{30 \cdot 75} = \sim 0{,}014 \cdot P \cdot R \cdot n \qquad 64)$$

Ist z. B. $n = 1200$, $R = 2$ m, $P = \sim 20$ kg, so berechnet
sich die Leistung des Flugzeugs zu:

$$0{,}014 \cdot 1200 \cdot 2 \cdot 20 = \sim 66 \text{ PS}.$$

Zur Leistungsbestimmung ist also nur ein sehr einfaches
Instrumentarium nötig; eine Dezimalwage mit Gewichten und
ein Tourenzähler für den Motor; trotzdem ergeben sich die von
den einzelnen Maschinensätzen verbrauchten Pferdestärken hinreichend genau. Die Fabrikangaben sind nicht einheitlich und
nur wenig genau, ausserdem kommt auch die Zeit in Frage,
welche der Motor bereits seit der Ablieferung in Betrieb war,
da die Benutzung jedenfalls von grossem Einfluss auf die Leistung
desselben ist.

Sofern es sich nun um ein fertiges Flugzeug handelt und
der von den Propeller abströmende Luftstrahl noch die Tragdecks oder grössere Teile der Schwanzfläche trifft, wird durch
die hohe Geschwindigkeit der bewegten Luft ein Auftrieb des
Apparates bewirkt, der in einer Änderung der Belastung der
Wage sich kenntlich macht und die Messung gefährdet.

Es soll auch nicht unerwähnt bleiben, dass der Haltestrick,
falls er nicht genau in Richtung des Luftstrahles wirkt, ein
Kippmoment erzeugen kann und hierdurch die Messung beeinflusst. Um sich von diesen Fehlern frei zu machen, wird jede Unter-
stützungsseite auf eine Wage gestellt Fig. 54. Dann wirkt auf
die Wage bei stillstehendem Motor links P_1, rechts P_r; bei laufendem Motor links Q_1, rechts Q_r; es wird wieder angenommen,
dass der Motor symmetrisch zu den Unterstützungen steht, so
ergibt sich:

$$M = \left[(P_r - Q_r) - (P_1 - Q_1) \right] \cdot \frac{R}{2};$$

P_r ist wohl stets $= P_1$ also ist

$$M = (Q_1 - Q_r) \cdot \frac{R}{2} \quad \text{und} \quad \mathbf{L = 0{,}007\,(Q_1 - Q_r)\,R.\,n.} \qquad 64a)$$

Die Wagen werden nun je nach Bauart des Motors und Konstruktion des Fahrgestells vibrieren, so dass eventuell geeignete Dämpfung anzuwenden ist; jedoch wird man mit einiger Sorgfalt doch ganz brauchbare Mittelwerte erhalten.

Ein Fehler haftet der Anordnung auch jetzt noch an und das ist die mehr oder weniger rotierende Bewegung der die Schraube verlassenden Luft und ihre verschiedenartige Einwirkung auf die von ihr getroffenen Tragflächen. Nun ist aber die Rotations-

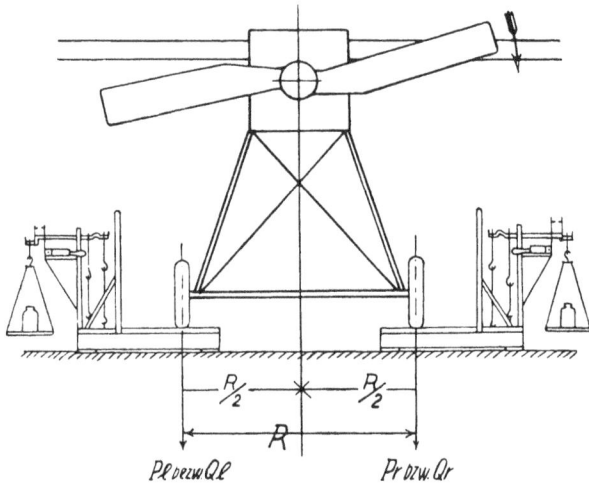

Fig. 54.

geschwindigkeit im Verhältnis zur Vorwärts-Komponente klein, allerdings wird ein Tragflügel von der Saug-, der andere von der Druckseite getroffen, so dass es bei gewissen Typen (z. B. Eindecker mit Propeller unmittelbar vor dem Tragdeck) sich doch um einflussreiche Abweichungen handeln kann. Für alle diese Fälle ist es am einfachsten, die Probe einmal mit den in Frage kommenden Flächen und einmal ohne dieselben auszuführen und

Tabelle VII.   Druckpunkte der Sc

	Flächenform W = Drehachse	Abgerollte Fläche m^2	Flächen- Schwerpunkt $\varrho = \dfrac{\Sigma f \cdot r'}{\Sigma f}$	ebene $\varrho'_0 =$
1		$b \cdot r$	$0{,}5\,r$	$0{,}$
2	desgl. mit Arm; Radius r_1	$b\,(r - r_1)$	$\dfrac{r + r_1}{2}$	$\sqrt{\dfrac{1}{3}\,(r^2 -}$
3		$\dfrac{\pi}{2} \cdot b \cdot r$	$\dfrac{4}{3\,\pi} \cdot r$	0
4	desgl. mit Arm; Radius r_1	$\dfrac{\pi}{2} \cdot b\,(r - r_1)$	$r_1 + \dfrac{4}{3\,\pi}\,(r - r_1)$	$\dfrac{1}{2}\sqrt{(r - r_1)^2 +}$
5		$\dfrac{a}{360}\,\pi \cdot r^2$	$\dfrac{2}{3}\,r$	0
6	desgl. mit Arm; Radius r_1	$\dfrac{\alpha}{360} \cdot \pi\,(r^2 - r_1^2)$	$\dfrac{2}{3} \cdot \dfrac{r^3 - r_1^3}{r^2 - r_1^2}$	$\sqrt{}$

Radius für den		
	Arbeitsmittelpunkt bei	
gemeinen Schraubenfläch. $\varrho''_0 = \varrho$	ebenen Flächen $\varrho'_x = \sqrt[3]{\dfrac{\Sigma f . r'^3}{\Sigma f}}$	gemeinen Schraubenfläch. $\varrho''_x = \varrho$
$0{,}5\,r$	$0{,}63\,r$	$0{,}5\,r$
$\dfrac{r + r_1}{2}$	$\sqrt[3]{\dfrac{1}{4}\,(r^2 + r_1{}^2) \cdot (r + r_1)}$	$\dfrac{r + r_1}{2}$
$\dfrac{4}{3\,\pi} \cdot r$	$0{,}554\,r$	$\dfrac{4}{3\,\pi}{}_r \cdot r$
$+\dfrac{4}{3\,.\,\pi}\,(r - r_1)$	$\sqrt[3]{r_1{}^3 + \dfrac{4}{3} \cdot r_1{}^2\,(r - r_1) + \dfrac{3}{4}\,r_1 \cdot (r - r_1)^2 + \dfrac{8}{15\,\pi} \cdot (r - r_1)^3}$	$r_1 + \dfrac{4}{3\,\pi}\,(r - r_1)$
$\dfrac{2}{3}\,r$	$0{,}737\,r$	$\dfrac{2}{3}\,r$
$\dfrac{2}{3} \cdot \dfrac{r^3 - r_1{}^3}{r^2 - r_1{}^2}$	$\sqrt[3]{\dfrac{2}{5}\,\dfrac{r^5 - r_1{}^5}{r^2 - r_1{}^2}}$	$\dfrac{2}{3}\,\dfrac{r^3 - r_1{}^3}{r^2 - r_1{}^2}$

in die Formel einen Koëffizienten für den betreffenden Flug-
zeugtyp aufzunehmen, der ohne die Flächen $= 1$ wird.
Also: $\qquad$ $L = \varrho \cdot 0{,}007 \, (Q_l - Q_r) \cdot n \cdot R.$ $\qquad$ 64b)

VI. Herstellung der Schrauben.

Sind die Dimensionen eines Propellers unter Berücksichti-
gung der in den Kapiteln (14—22) angegebenen Methoden fest-
gelegt, so kommt als nächster wichtiger Punkt die Konstruktion,
Profilierung der einzelnen Durchschnitte mit Rücksicht auf die
Festigkeit des verwendeten Materials und der zu erwartenden
Beanspruchung.

Je nach dem zu verwendenden Material müssen gewisse
Annahmen für die Querschnittsform der Flügel aus praktischen
Gründen gemacht werden, da natürlich ein Stahlpropeller mit
Aluminium-Blättern andere Profile erhält als ein hohl in Holz
ausgeführter Schraubenflügel. Es wird daher in der Regel so
verfahren, dass die Konstruktion, die sich auf Grund von Erfahrungen und praktischen Rücksichten ergeben hat, in einer
Kontrollrechnung auf ihre Festigkeitseigenschaften nachgeprüft
wird. Als hauptsächlich den Flügel beanspruchende Kräfte
treten die Zentrifugalkraft und das biegende Moment des
Schubes auf, gegen welche das biegende Moment, hervorgerufen
durch die Übertragung des Drehmomentes verschwindend
klein wird. Die Rechnungskontrolle hat nun für verschiedene
Querschnitte zu erfolgen, wobei dem Nabenansatz bzw. dem an
der Nabe sitzenden Teil des Armes besondere Aufmerksamkeit
zu schenken ist. Die Form der Flügel ist in der Regel nicht
analytisch zu definieren, weshalb Annäherungsrechnungen mit
Benutzung von Wellner aufgestellten Werte (siehe Tabelle VII)
über Druckpunkte gebräuchlich und durchaus hinreichend sind.

Es soll jedoch ausdrücklich darauf hingewiesen werden,
dass eine Kontrollrechnung auf keinen Fall unterlassen werden
darf, auch wenn die Erfahrungen und das kunstruktive Gefühl
noch so hoch eingeschätzt werden; zumal eine strenge Nachrechnung der auftretenden Fliehkräfte ist bei den hohen Umdrehungszahlen unumgänglich notwendig, da Nachlässigkeiten

8*

sich in der schwersten Form rächen. Auf jeden Fall ist es
zweckmässig, den Schwerpunkt bei allen Schraubenflügeln möglichst nahe an die Achse zu verlegen, um so die Fliehkräfte
tunlichst klein zu halten. Sehen wir zunächst einmal von dem
durch Übertragung der Drehmomente herrührenden Moment
ab, so wirkt auf den Flügel eine Resultierende, die sich (wie
gezeichnet) aus der Zentrifugalkraft und dem Schub zusammen-
setzt: beide Kräfte ändern sich nun mit wachsendem Radius,
so dass auch die Resultierende in jedem Punkt andere Richtung
und Grösse besitzt. Beides ist von Einfluss auf die Konstruktion des Flügelblattes, weil diese ja gerade so bemessen sein
soll, dass sie erfolgreich der Resultierenden widerstehen kann,

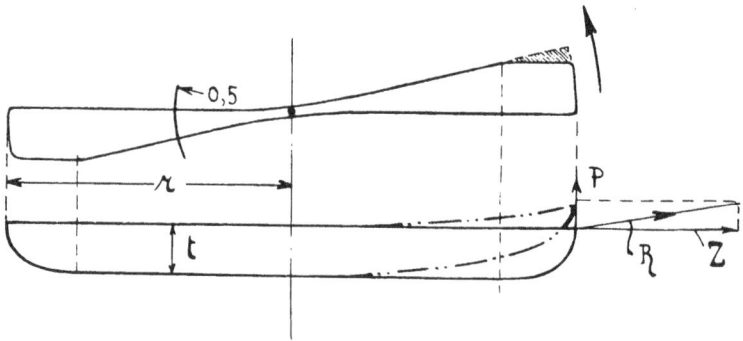

Fig. 55. Wright-Propeller.

ohne doch durch zu grosse Materialhäufung ein zu grosses Gewicht und dadurch zu grosse Fliehkräfte hervorzurufen. Es
tritt hier also besonders deutlich der für den Luftfahrzeugbauer
nicht neue Fall auf, dass bei der auf höchste Ökonomie angewiesenen Luftfahrt - Technik beliebige Verstärkung eines Ma-
schinenteils sich als schädlich erweist, weil gerade in weisester
Beschränkung des Materials und peinlichster Ausnutzung desselben die höchste Sicherheit liegt.

30. Als Rechnungsbeispiel soll der von P o e l k e gebaute Zwei-
flügelpropeller System „Wright" betrachtet werden, weil ich
diesen in zweifacher Ausfertigung (rechts uud links laufend)
prüfen, aufmessen und kontrollieren konnte. Aus Abbildung 40

und 55/56 sowie den Tabellen V und VI gehen die Abmessungen und Prüfergebnisse der Schrauben genau hervor. Rechnen wir einmal mit einer Durchschnitts-Tourenzahl n = 500 und
$v = 10$, so ergibt sich hierbei nach den Prüf-Resultaten für
den Schub $\psi = 0{,}024$. so dass sich P errechnet zu

$$0{,}024 \cdot \pi \cdot r^4 \cdot \frac{\gamma}{g} \cdot \omega^2 = 0{,}024 \cdot \pi \cdot 1{,}31^4 \cdot \frac{1}{8} \cdot 52{,}4^2 = 76 \text{ kg.}$$

Die zugehörigen Pferdestärken sind dann

$$= \frac{P \cdot v}{75} \cdot \frac{1}{\eta} = \frac{76 \cdot 10}{75} \cdot \frac{1}{0{,}49} = 21 \text{ PS.}$$

Beim Angehen, d. h. wenn die Vorwärtsgeschwindigkeit $v = 0$ ist, treffen
die einzelnen Elemente des Flügelblattes
die Luft unter viel grösseren Anstell-
winkeln, sie ergeben daher einen relativ
grösseren Schub, erleiden aber auch
einen grösseren Widerstand, so dass
auch die normalen Touren bei weitem
nicht erreicht werden. Da nun die in
der Praxis verwendeten Benzinmotoren
innerhalb gewisser Gren-
zen unabhängig von der
Tourenzahl ein konstan-
tes Drehmoment besitzen,
so heisst dies mit
anderen Worten, weil
$\mathrm{Ni} = \dfrac{M \cdot \omega}{75}$, dass die
Schraube beim Angehen
auch nur einen Teil der
sonst zu verarbeitenden

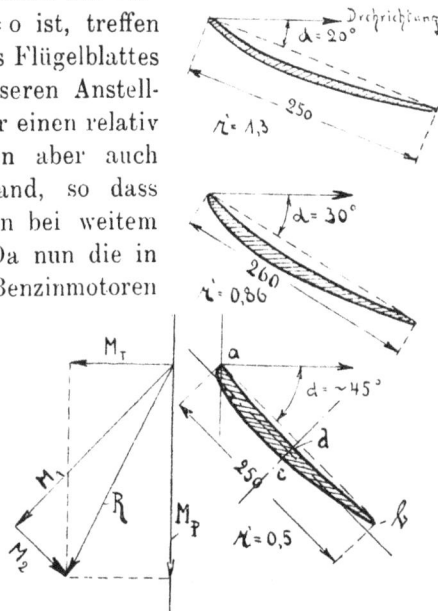

Fig. 56. Wright-Propeller.

Pferdestärken erhält. Der Motor wird während der Anlauf-
periode eines Luftfahrzeuges unter dem Einflusse der mit zu-
nehmender Marschgeschwindigkeit dauernd abnehmenden Neigungswinkel von selbst immer schneller laufen, um schliesslich
nach Eintritt des Beharrungszustandes seine maximale Tourenzahl zu erreichen und damit auch seine grösste Arbeitsleistung

an die Schraube abzugeben. Für unseren Fall wird die Schraube beim Stillstand des Flugzeuges etwa 250 Touren machen und dabei vielleicht 12 PS Leistung erhalten, wobei sie ungefähr 65 kg Schub liefert: setzt sich das Flugzeug allmählich in Bewegung, so steigt die Tourenzahl auf 500/Min, P auf 76 kg und der Motor leistet dann 21 PS.

Weil nun die Beanspruchung des Blattes in der Hauptsache von der Fliehkraft abhängt, die wieder mit dem Quadrat der Umdrehungszahl wächst, so braucht die Nachprüfung auf Festigkeit nur für die Fahrt, also die hohen Tourenzahlen zu erfolgen. Die Rechnung soll für die drei gezeichneten Querschnitte erfolgen: zunächst sei der zweite (im Abstand $r' = 0{,}5$ m von der Welle) geprüft. Das Blatt sei an dieser Welle geschnitten und Volumen, Gewicht usf. des abgeschnittenen Teiles ermittelt.

Das Volumen ist Länge $\times$ Breite $\times$ Dicke $= (r - 0{,}5)$ $\times$ b $\times$ $\delta = 0{,}81 \cdot 0{,}25 \cdot 0{,}015 = \sim 0{,}00305$ m³; rechnet man die abgerollte Fläche nach der Tabelle, so ist bei einem α von 22⁰ F nach 1. Spalte unten $= \dfrac{22}{360} \cdot \pi \cdot (1{,}31^2 - 0{,}5^2) = 0{,}283$; die zugestutzte Ecke abgezogen, gibt $\sim 0{,}21$, so dass das Volumen $= 0{,}21 \cdot 0{,}015 = \sim 0{,}00315$ m³, was mit oberem Wert gut übereinstimmt. Das Gewicht folgt dann bei einem spezifischen Gewicht der verwendeten Fichte von 510 kg/m³ zu $0{,}0031 \cdot 510 = 1{,}58$ kg. Der Schwerpunktsradius wird wieder geschätzt: bei rechtwinkeliger Begrenzung wäre er $= \varrho = \dfrac{r + r_1}{2} = \dfrac{1{,}31 + 0{,}5}{2}$ $= 0{,}905$; unter Zugrundelegung eines Kreissektors ergibt sich: $\dfrac{2}{3} \cdot \dfrac{r^3 - r_1^3}{r^2 - r_1^2} = \sim 0{,}97$, so dass bei Berücksichtigung der zugestutzten Ecke $\varrho = 0{,}92$ angenommen wird. Dann ist die Fliehkraft $\dfrac{G}{g} \, \omega^2 \cdot \varrho = \dfrac{1{,}58}{9{,}81} \cdot 52{,}4^2 \cdot 0{,}92 = 406$ kg.

Bei 76 kg Schub überträgt jeder Flügel 38 kg; diese können wir uns im Druckmittelpunkt angreifend denken, der bei Berücksichtigung von Fall 1 oder 3 der Tabelle für Schrauben konstanter Steigung einen Abstand vom Wellenmittel ϱ_0'' zu $0,5 - \dfrac{2}{3} r$ besitzt.

$$\varrho_0'' = 0,875 \text{ bis } 0,656 = \sim 0,8.$$

Für den untersuchten Durchschnitt ergibt sich daher ein Moment $\qquad M_P = (0,8 - 0,5) . 38 = 11,4$ mkg. $\qquad$ 65a)

Das Drehmoment der Schraube ist nach der Formel

$$M_D = 716,200 \cdot \frac{N}{n} \qquad\qquad 65\,b$$

$= 716,200 \cdot \dfrac{21}{500} = 30$ mkg. Dieses Drehmoment ergibt an jedem Flügel eine Tangentialkraft, im Arbeitsmittelpunkt angreifend, der für mathematische gemeine Schraubenflächen mit dem Druckmittelpunkt gleichen Wellenabstand hat. Also ist $T = \dfrac{M_D}{2} \cdot \dfrac{1}{\varrho''} = \dfrac{30}{2} \dfrac{}{0,8} = 18,8$ kg. Folglich ergibt sich für den betrachteten Durchschnitt ein Moment $M_T = 18,08 . (0,8 - 0,5) = 5,64$ mkg.

Das resultierende Moment und die beiden für die Berechnung wichtigen Komponenten findet man am schnellsten graphisch, indem man zunächst M_P und M_T richtig zum Durchschnitt orientiert und deren Resultierende dann wieder in die parallel zu den Hauptachsen des Profils liegenden Komponenten M_1 und M_2 zerlegt. Für unseren Fall ist $M_1 = 1200$, $M_2 = 380$ kgcm. Fasst man den Flügelquerschnitt als Parabel-Segment auf, so ist das Widerstandsmoment für die X-Achse im Punkt

$$d = \frac{4}{35} \cdot b . \delta^2 ; \qquad\qquad 66)$$

in $\qquad\qquad c = \dfrac{8}{105} \cdot b . \delta^2, \qquad\qquad 67)$

wobei δ die maximale Flügeldicke bedeutet. Für die Y-Achse für a und b gleich, ergibt sich ein Widerstandsmoment von

$$\frac{1}{15} \cdot b^2 \cdot \delta, \qquad\qquad 68)$$

so dass als grösste Spannungen auftreten:

Für a grösste Zugspannung:

$$M_1 \cdot \frac{35}{4 \cdot b \cdot \delta^2} + M_2 \cdot \frac{15}{b^2 \cdot \delta} = \frac{1200 \cdot 35}{4 \cdot 25 \cdot 1{,}5^2} + \frac{380 \cdot 15}{2{,}5^2 \cdot 1{,}5} = 192{,}55 \, \text{kg/cm}^2;$$

für c grösste Druckspannung

$$M_1 \cdot \frac{105}{8 \cdot b \cdot \delta^2} = \frac{1200 \cdot 105}{8 \cdot 25 \cdot 1{,}5^2} = 280 \, \text{kg/cm}^2$$

und für d eine Zugspannung von

$$M_1 \cdot \frac{35}{4 \cdot b \cdot \delta^2} = \frac{1200 \cdot 35}{4 \cdot 25 \cdot 1{,}5^2} = 186{,}5 \, \text{kg/cm}^2.$$

Hierzu kommt noch die gleichmässige Zugspannung durch die Zentrifugalkraft

$$\frac{C}{\frac{2}{3} \cdot b \cdot \delta} = \frac{3 \cdot 406}{2 \cdot 25 \cdot 1{,}5} = 16{,}3 \, \text{kg/cm}^2, \text{ die entsprechend mit den}$$

übrigen Spannungen zusammengesetzt werden muss, worauf die grösste Zugspannung zu 192.55 + 16,3 = $\sim$ 209 kg/cm², die grösste Druckspannung zu: 280 — 16,3 = $\sim$ 263 kg/cm² resultiert. Bei einer Festigkeit von 900—1100 kg/cm² für das verwendete Material (siehe Tabelle S. 172) erscheint die Beanspruchung recht hoch, weil nur eine 3,4—4,2 fache Sicherheit bleibt, während eine 6 fache mindestens gefordert werden muss; tatsächlich ist denn auch bei etwa 700 Touren ein Flügel während der Fahrt zerrissen.

31. Nach Pröll ist noch eine wesentliche Vereinfachung der Rechnung dadurch zulässig, dass für die nahezu unter 45° geneigten Profile nahe der Flügelwurzel das Moment um die Querachse vernachlässigt wird.

Bei gleichen Bezeichnungen (P = Schub; z = Flügelzahl; r = Abstand der angenähert unter 45° geneigten Profile) ergibt sich das Gesamtbiegungsmoment $M_g =$

$$\sqrt{\left[(0{,}6\,r - r')\frac{P}{z}\right]^2 + \left[716 \frac{N}{z \cdot n} \cdot \frac{0{,}6 \cdot r - r'}{0{,}6 \cdot r}\right]^2} \quad \text{kgm,} \quad 69)$$

die grösste Zugspannung ist dann $9 \cdot \dfrac{M_g}{b \cdot \delta^2}$ 70)

„   „   Druck „   „   „ $13 \cdot \dfrac{M_g}{b \cdot \delta^2}$ 71) wozu dann noch die von der Zentrifugalkraft herrührende Zug-

spannung $\dfrac{2}{3} \cdot \dfrac{C}{b \cdot \delta}$ hinzukommt.   72)

Für unseren Fall ist $M_g = 12{,}1$ kgm, woraus sich Z_{max} zu 193 kg/cm², D_{max} zu 280 kg/cm² ergibt zusätzlich bezw. abzüglich der Fliehkraft-Zugspannung, was wohl als vollkommene Übereinstimmung angesehen werden kann.

In ähnlicher Weise werden nun die anderen Querschnitte nachgeprüft, wobei event., namentlich am Umfang noch zweckmässige Profil-Schwächungen vorgenommen werden können, die infolge der Gewichtsverringerung wieder günstig auf die Verkleinerung der Fliehkraft zurückwirken.

32. **Zeichnerischer Entwurf.** Haben wir in den letzten Abschnitten die Möglichkeiten kennen gelernt, die richtigen Dimensionen der Luftschraube nach der Leistung als auch nach der Festigkeit hier festzulegen, so ist es jetzt noch nötig diese Abmessungen zeichnerisch so zu fixieren, dass die Schraube in der Werkstelle nach der Zeichnung gebaut werden kann. Eine Konstruktionszeichnung ist in der Art von Fig. 8 anzufertigen, aus der sämtliche Punkte für den Anfertiger hervorgehen.

Die abgewickelte Fläche (8 d) ist nur dann für den Konstrukteur nötig, wenn es sich um eine Schraube veränderlicher Flügelbreite handelt, damit er sich vom stetigen Verlauf der Konturen überzeugen kann. Für die Werkstelle ist 8 d auf jeden Fall unnötig, so dass sie bei Konstruktionsplänen besser fortbleibt. Auf der Konstruktionszeichnung wird zunächst in 57 b die Mittellinie gezogen und von ihrem Schnittpunkt mit der Achse die Strecke $\dfrac{h}{2\,\pi} = AB$ auf die Achse abgetragen. Die Verbindung von A mit einzelnen Punkten der Senkrechten, ergibt die Steigungsdreiecke, z. B. A C B, wobei der eingeschlossene Winkel $C = \alpha$ ist; auf A C und im Grundriss wird b gleichmässig zur Mitte = a b abgetragen, dessen Horizontalprojektion die wirkliche Breite ergibt. Wird nun mit r' um M ein Kreis geschlagen, so ergibt b im Aufriss b_1 und dieses horizontal hinübergezogen im Seitenriss b_2. Auf diese Weise lässt sich die Kontur genau festlegen, die aber ebenfalls für die Werkstatt ohne Bedeutung ist. Die Werkstelle braucht nur die An-

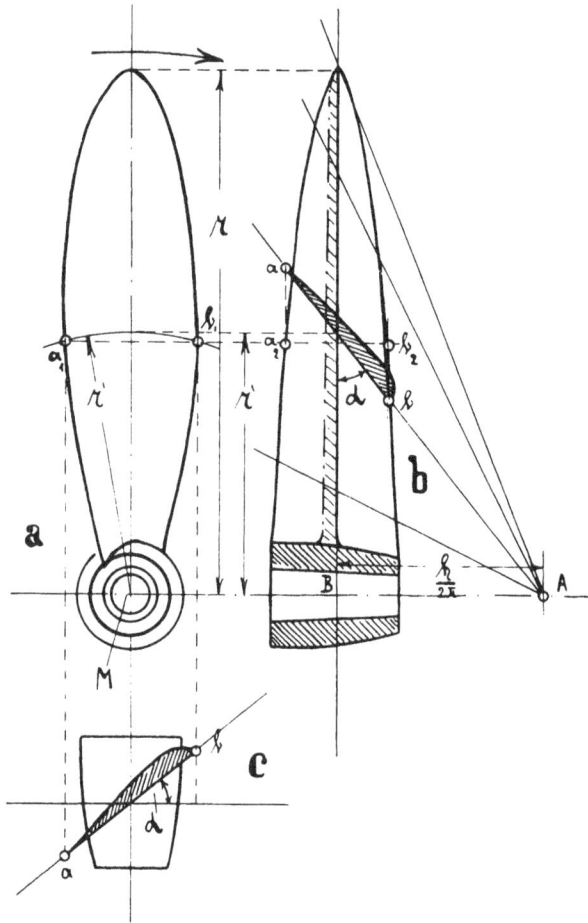

Fig. 57. Konstruktions-Zeichnung.

gabe der Steigungsdreiecke und das jeweilige Profil, aus dem die Flügelbreite und die maximale Stärke ersichtlich ist. Um hier am einfachsten Stetigkeit in die Profile zu bringen, wird die Stärke von den betreffenden Radien aufgetragen, für die sie nachgerechnet ist und diese Punkte dann durch eine — meist gerade — Linie verbunden.

Ist für die Schraube keine konstante Steigung vorgesehen, so zeichnet man doch zunächst die Steigungsdreiecke und verändert dann den Winkel α im gewünschten Sinne.

Die Übertragung der Arbeit von der Schraubenwelle auf die Flügel geschieht durch Vermittelung der Nabe, die daher entsprechend kräftig ausgeführt werden muss. Entweder sitzt die Nabe auf einem Konus der Welle, gesichert durch einen Keil und festgepresst durch eine Mutter, oder aber eine grosse mit der Welle festverbundene Scheibe überträgt mittelst vieler kleiner Schrauben die Arbeit auf die Nabe Fig. 58.

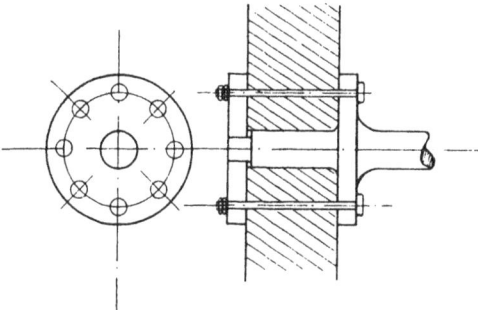

Fig. 58.

Die Welle erhält in jedem Fall den Durchmesser (gleichzeitig der grosse Durchmesser des Konus):

$$d_1 = \sqrt[3]{\frac{32 \cdot M_i}{\pi \cdot k_b}}, \text{ wobei } M_i = 0,35 \cdot M_b + 0,65 \sqrt{M_b^2 + M_d^2} \qquad 73)$$

$M_b =$ Biegungsmoment, $M_d =$ Torsionsmoment der Welle.

Der Nabendurchmesser bestimmt sich nach der Gleichung für r_1 (19), oder falls die Flügelblätter an besonderen Armen sitzen nach der im Maschinenbau üblichen Regel: Nabendurchmesser $= \sim 1{,}5\, d_1$. Die Arme, die je in gleicher Weise wie die Blätter beansprucht werden, können genau wie Seite 118 angegeben (und zwar lediglich für den Wurzelquerschnitt an der Nabe) berechnet werden. Über ihre Ausführung siehe weiter unten.

VII. Die Bau-Materialien.

Mit dem steigenden Bedürfnis der Luftfahrt für Triebschrauben hat auch die Zahl der Propellerfabriken überraschend schnell zugenommen, was der Güte der teilweise gelieferten Fabrikate keineswegs zugute gekommen ist. Die sachgemässe Propellerfabrikation ist dadurch zu sehr in den Hintergrund gedrängt worden und es hat sich ganz unbegründet die Meinung herausgebildet, als sei die Luftschraube doch nur ein nebensächliches Ding eines Luftfahrzeugs, das man ganz gut bei jeder beliebigen Firma fertig — so etwa nach Gutdünken, wie ein Paar Fahrhandschuhe und dergleichen — kaufen könne. Ob ein Schiffseigentümer bis herab zum kleinsten Motorbootsbesitzer wohl ebenso denken und handeln würde? Ich glaube nicht! Durch diese Unterschätzung der Treibschraube und ihrer Bedeutung schaden sich die Flieger selbst am meisten; denn einmal erhalten sie Propeller, die ihr Fahrzeug nicht in ökonomischer Weise auf die höchsterreichbare Geschwindigkeit bringen und dann veranlassen sie die wirklich tüchtige Spezialindustrie, sich wieder von dieser unrentablen Fabrikation abzuwenden, bei der jeder Nachahmer, wenn er nur genau die äusseren Formen kopiert und den Propeller im übrigen recht hübsch poliert durch Schleuderpreise die Käufer anlockt. Das sollte man sich stets vor Augen halten! Für jedes Luftfahrzeug ergibt nur **ein** bestimmter Propeller die günstigste Leistung, die von diesem Fahrzeug gerade verlangt wird und dieser Propeller wieder passt vielleicht für kein anderes Flugzeug mehr. Die verschiedenen massgebenden Momente, die für die jeweilige Konstruktion bestimmend sind, müssen gegeneinander abgewogen und richtig zueinander passend gemacht werden; das aber ist die würdige Aufgabe eines erfahrenen Fachmannes und die beruht nicht im Kopieren gefälliger Formen, durch die der Käufer so gern geblendet wird.

Für jedes Luftfahrzeug je nach seinem Zweck ein besonderer Propeller! Soll dies der Leitsatz für die Konstruktion sein, so wird uns zunächst einmal das zu wählende Material beschäftigen. Zu diesem Zwecke müssen wir uns nochmals ins Gedächtnis zurückrufen, welche Kräfte auf die Schraube im Betriebe einwirken. Das waren in der Hauptsache die Zentrifugalkraft, welche ein Zerreissen in der Längsrichtung der Flügel anstrebt und die Rückwirkung des Schubes, die in Richtung der Achse wirkt; beide ergeben also eine Resultierende, die mehr oder weniger gegen die Fahrtrichtung geneigt ist. Bei elastischem Material wird diese Resultierende mit Erfolg die Flügel deformieren und dadurch auch die Steigung in unkontrollierbarer Weise verändern; sie übt als in zweifacher Beziehung einen schädlichen Einfluss aus. Es lag daher nahe, dass man sich zunächst die Erfahrungen des Schiffbaues zunutze machte und als Material irgend ein Metall verwendete, dessen Festigkeit leichter eine Deformation verhindern konnte. Aber sehr bald traten Schwierigkeiten auf, die man zuerst nicht genügend be-rücksichtigt hatte; die hohen Umdrehungszahlen bedingten ein derartiges Anwachsen der Zentrifugalkräfte, dass man an ein immer peinlicheres Verringern des Eigengewichtes der Flügel denken musste, um der grossen Gefahr eines Zerreissens im Betriebe und seiner furchtbaren Folgen mit einiger Sicherheit vorzubeugen, dann handelte es sich auch nur um so kleine Schubkräfte, dass sich das Metall wirklich ersetzen liess, ferner fiel ja die zerstörende Wirkung des Seewassers fort und endlich stellte ein genaues Profilieren der reinen Metallschrauben bei den erstrebten kleinen Gewichten ganz erhebliche Anforderungen an die Geschicklichkeit der Arbeiter. So war denn der Boden für die Einführung der Holzschrauben genügend vorbereitet und in recht kurzer Zeit hatten sie denn auch fast ausschliesslich das Feld erobert. Wenn der Techniker sich überhaupt gegen das Holz als Konstruktionsmaterial wehrt, so hat das seinen guten Grund darin, dass es ihm erstlich nicht die gewohnte Homogenität der übrigen Materialien bieten kann, dann aber auch in seinen Festigkeitseigenschaften absolut nicht beständig ist. Beide recht üblen Eigenschaften hat die moderne Industrie einschränken

gelernt, so dass man sie in gewissen Grenzen nicht zu berücksichtigen braucht. Zunächst dürfen nur die gesunden Stämme
einiger wenigen Regionen verwendet werden, deren Empfindlich-
keit gegen Temperatur- und Feuchtigkeitsänderungen eine gewisse
Grenze nicht übersteigt, dann muss eine sorgfältige Trocknung
in der Trockenkammer vorgenommen werden, bis das Holz seine
kompendiöseste Form angenommen hat, und endlich müssen alle
fehlerhaften Stellen, als: Kern, Äste und dergl. peinlichst entfernt werden. Harziges und stark wässeriges Holz trocknet
überhaupt niemals aus und ist daher für die Schraubenfakrikation
nicht geeignet.

33. Holzschrauben. So wird denn auch von wirklich guten
Firmen fast nur amerikanisches Nussbaumholz wegen seines
langfaserigen regelmässigen Gewebes benutzt, ausserdem noch
amerikanische Weisstanne (Spruce), Esche, amerikanisches Tannen-
holz (Kauri pine). Italienisches Nussbaumholz (Satin·) ist nicht
zu empfehlen, weil es sich stark verzieht. Im übrigen wird
natürlich jeder, der sich etwa nach eigener Konstruktion eine
Luftschraube verfertigen will, am zweckmässigsten so verfahren,
dass er sich von der Güte seines Holzes durch einen Zerreiss-
versuch überzeugt, den er in jeder Prüfungsanstalt ausführen
lassen kann. Im Anhang sind in der Tabelle auf Seite 173 die
Festigkeitszahlen der üblichen Holzarten zusammengestellt.

Zunächst soll jetzt ein Überblick über die Herstellung im
allgemeinen gegeben werden, dem dann die einzelnen interessanten
Fabrikationsmethoden folgen mögen. Es ist nicht ratsam, zu
breite Bretter zu verwenden, weil dann das Holz zu wenig
gleichmässig ist; weit zweckmässiger ist es, diese Bretter zu
teilen und frisch zu verleimen. Geschieht dieses Verleimen mit
der nötigen Sorgfalt, dann ist auch die Leimfuge weit fester
als das übrige Material, wie sich bei vielen Brüchen deutlich
nachweisen liess. Zu diesem Zweck müssen die leicht aufge-
rauhten Bretter zunächst gut vorgewärmt werden, besonders
aber an der Leimfuge gut auf Temperatur kommen, damit der
heisse Leim, der von klarer durchsichtiger Farbe sein muss,
völlig in die nunmehr luftfreien Poren eindringen kann und so
eine absolut glatte Oberfläche bildet. Dann wird die Stossfuge

der heissen Hölzer durch starke Schraubzwingen fest aufeinander gepresst, in welcher Lage man alles sich langsam abkühlen lässt. Es sei hier gleich gesagt: jede Übereilung bei diesen Manipulationen rächt sich schwer; ohne einen gewissen Zeitaufwand lässt sich eben kein Propeller gut herstellen!

34. Für die Herstellung liegt nun eine Konstruktionszeichnung nach Art der Abbildung 57 vor: für eine Anzahl Radien sind die Profile aufgezeichnet (je nach dem Grad der Genauigkeit viel oder wenig), die der Propeller an dieser Stelle besitzen soll, so dass zwischen diesen festgelegten Profilen nur ein sanfter Übergang herzustellen ist. Nach diesen Profilen müssen nun aus

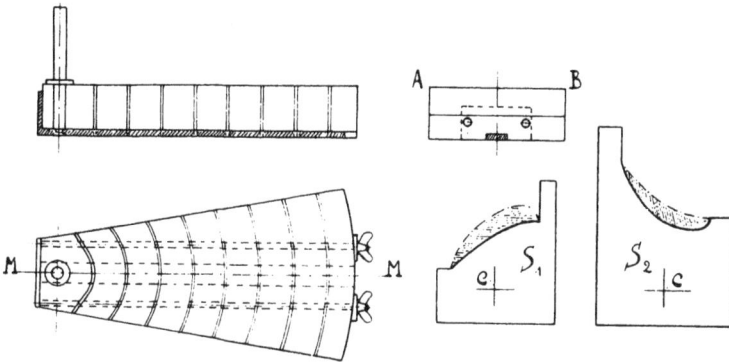

Fig. 59. Spannkloben.

S_1 = Schablone für Druckfläche. S_2 = Schablone für Saugfläche.

Weissblech oder starkem Zeichenpapier Schablonen ausgeschnitten werden, die dann, im richtigen Abstand wieder aufgestellt, eine Lehre bilden, nach welcher der Tischler arbeiten kann. Ich möchte hier einen kleinen Apparat empfehlen, der sich nach meinen Erfahrungen als recht praktisch erwiesen hat, weil er mit der geringsten Mühe sofort ein richtiges Bild des Flügels ergibt.

Bei der regelmässigen Propellerherstellung gewöhnt man sich bald daran, die Profile stets für ganz bestimmte Radien zu zeichnen und zwar je nach dem Aussendurchmesser etwa in Abständen von 5 bis 15 cm; nun lässt man aus Hartholz oder

Metall einen Spannkloben[1]) nach Fig. 59 anfertigen: jede Elementstärke entspricht der einmal angenommenen Teilung der Radien, jedoch ist von jedem Element die Stärke der ein für allemal gleich dicken Schablonen in Abzug zu bringen. Jetzt brauchen die Schablonen nicht erst besonders ihrem Kreisbogen entsprechend gekrümmt zu werden, sie werden nur nach dem Profil ausgeschnitten und an der rechten Stelle des gelockerten Klobens eingesteckt, die richtige Krümmung wird dann durch allmähliches Zusammenspannen der Klobenschrauben erhalten. Sollen weniger Profile verwendet werden, so tritt an Stelle der überschlagenen Schablone ein Stück Blech (um den gleichen Abstand einzuhalten!). Ist so die Druckseite der Flügel fertiggestellt, so werden Lehrschablonen für die Saugseite nach S_2 Fig. 59 angefertigt, ebenfalls mittelst des Klobens gekrümmt und der Propeller jetzt umgekehrt auf den Wellenansatz gesteckt.

Natürlich muss besonders darauf geachtet werden, dass die Nabenbohrung genau auf den Wellenansatz passt und dass die Unterkante der Nabe stets genau aufliegt, weil sonst die Flügel nicht in einer zur Achse senkrechten Ebene liegen und dadurch dynamisch nicht balanziert sind. Ein so gebauter Propeller ist gar nicht zu verwenden, weil das im Betriebe auftretende Kräftepaar sofort einen Flügelbruch herbeiführen wird.

Was nun vorhin über das Zusammensetzen mehrerer schmaler Bretter zu einem breiten gesagt ist, das gilt in noch verschärftem Masse für das Aufbauen des Propellers in der Schraubentiefe; auch hier ist ein Zusammensetzen aus vielen dünnen Schichten ernstlich zu empfehlen. Und zwar bringt dies den doppelten Vorteil mit sich, einmal die einzelnen Lamellen so auswählen zu können, dass sich ein möglichst geringer Abfall ergibt; dann aber für solche Schraube eine viel grössere Homogenität zu erhalten und sie daher höher beanspruchen zu können. Anderseits erwachsen durch das Verleimen nicht unbeträchtliche Kosten, die aber durch die Vorzüge bei weitem aufgehoben werden. Schon aus

---

') Diese Vorrichtung ist neuerdings Herrn Dr. Wegner von Dallwitz patentiert, wurde jedoch vom Verfasser (jedenfalls beiderseits unabhängig) bereits seit langem bei der serienweisen Herstellung von kleinen Luftschrauben für die aerodynamische Versuchsanstalt Göttingen benutzt.

der Herstellung der Holzmodelle für Schiffsschrauben, soweit
diese nicht direkt in Lehm aufgebaut wurden, hatte man gelernt, mit möglichst sparsamem Holzverbrauch auszukommen
und daher die einzelnen Schichten fächerförmig, etwa wie in
der Fig. 60 angedeutet, übereinander zu legen. In ähnlicher
Weise geht auch der Modelltischler vor, wenn er ein Vollmodell
des Schiffspantenrisses anfertigt. Die einzelnen Bretter brauchen
nur soviel übereinander zu greifen, dass die einzelnen Profile
stets von gesundem Holz ausgefüllt sind.

Hat man sich hiervon überzeugt, so
geschieht das Verleimen wieder mit der
gleichen Sorgfalt, wie vorhin ausein-
andergesetzt; besonders müssen Schraubzwingen in genügender Anzahl über die
Bretter verteilt werden, um ein gleich-
mässiges Anspannen zu gewährleisten.
Man ersieht ohne weiteres, dass eben
dieses Zusammenspannens wegen die
einzelnen Bretter auch nicht zu knapp
bemessen sein dürfen, weil sonst die
Zwingen nicht mehr fassen können und
eventl. abrutschen.

Nun werden mit einem schmalen
Hobel jene Teile der Flügel bearbeitet,
für die Schablonen im Spannkloben aufgestellt sind, bis die Flügel an diesen
Stellen und auch an der Nabe überall
vollständig aufliegen. Hierauf wird

Fig. 60.

das zwischen den Profilien stehende Holz so fortgenommen, dass die
einzelnen Schichtlinien überall gut „straken", d. h. dass sie einen
glatten, stetigen Verlauf nehmen, ohne irgend welche Buckel oder
Einbuchtungen zu zeigen. Nachdem dann die gleiche Arbeit für
die Saugseite der Flügel vorgenommen ist, muss die Luftschraube
mit grosser Sorgfalt statisch ausbalanziert werden. Dies lässt sich
am einfachsten so vornehmen, dass man sie gut passend auf ein genau
laufendes Wellenstück setzt und dieses nun auf zwei längere
Schneiden oder Lineale legt, die genau in die Wasserwage ge-

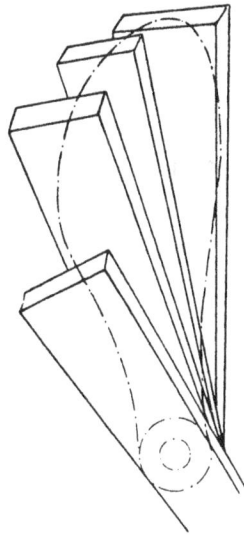

bracht sind. Ein gut statisch balanzierter Propeller muss nun in jeder Lage ruhig liegen bleiben und darf keineswegs immer irgend einer bestimmten Stellung zustreben. Das Ausbalanzieren besteht in der Regel darin, dass man geringe Materialmengen mit dem Hobel fortnimmt; nur in seltenen Fällen bohrt man ein kleines Loch und gibt etwas Blei hinein; es ist dann stets die Vergrösserung der Fliehkraft zu beachten.

Ist das Ausbanlanzieren erledigt, so kann mit der Fertigstellung der Schraube begonnen werden. Die Flügel werden sauber geglättet, mit Bimsstein oder feinem Glaspapier abgeschliffen und endlich mit einem Kork abgerieben, der ab und zu in Terpentin, etwas farbloses Sikkativ und Alabastergips eingetaucht wird. Letzterer dient hauptsächlich dazu, die feinen Holzporen zu verstopfen, um so ein Eindringen von Feuchtigkeit zu verhindern. Wie wir in der Zusammenstellung der Festigkeitszahlen ersehen haben, gelten diese nur für lufttrocknes Holz; die eindringende Feuchtigkeit ist denn auch die Hauptursache der Unbeständigkeit des Holzes, weil die Festigkeit rapide beim geringsten Feuchtigkeitsgehalt sinkt. Wird das Abschleifen wie oben beschrieben ausgeführt, so behält das Holz seine Naturfarbe, dagegen erteilt ihm Terpentin, reines Leinöl und das betreffende Dichtungsmittel zusammen eine etwas dunklere Tönung. Um nun Feuchtigkeit und Luft erfolgreich von den Flügeln abzuhalten, bedarf das Material noch eines besonderen Schutzüberzuges, einer besonderen Glättung; dieser dichte Abschluss erfolgt am besten durch nachhaltiges Polieren oder — wenn es richtig gemacht ist — durch Lackieren. Zum Polieren wird Schellack (eventl. sogar gebleichter) in hochprozentigem Spiritus aufgelöst und nun mittelst eines in Leinen gewickelten Wollbausches, der ausserdem von Zeit zu Zeit in etwas Leinöl getaucht wird, in steter sanfter Bewegung über den Flügel verrieben. Es darf stets nur wenig Politur und Öl am Lappen haften, da sonst später ein Ausschlagen der Politur erfolgt; ebenfalls ist darauf zu achten, dass beim Polieren niemals mit der Bewegung eingehalten wird, während der Bausch sich auf dem Flügel befindet, weil sonst sofort ein Festkleben stattfindet und der dadurch entstehende Fleck nicht mehr zu entfernen ist.

Ist so eine erste Politur erzeugt, so lässt man sie 5—6 Stunden erhärten und schleift dann wie vorhin mit Bimssteinpulver und Öl wieder sauber, worauf von neuem poliert werden kann. Diese Manipulation muss etwa 2—3 mal ausgeführt werden, bis schliesslich die letzte Politur aufgetragen werden kann. Je öfter eine Schraube poliert wird, desto sicherer ist ihr Schutz gegen das Eindringen von Feuchtigkeit, desto grösser also auch ihre Haltbarkeit, ausserdem erleidet eine tadellos geglättete Schraube auch den geringsten Luft-Widerstand im Betrieb.

In ähnlicher Weise hat das Lackieren vor sich zu gehen; eine möglichst gleichmässig aufgetragene Lackschicht wird nach dem Erhärten stets wieder sauber abgeschliffen und wieder erneuert, bis schliesslich der letzte Lack bestehen bleibt. Die einzige Ersparnis beim Lackieren beruht also darauf, dass dieses selbst etwas schneller als das eigentliche Politur-Verreiben geht und keinen geschulten Arbeiter erfordert; die Hauptzeiterfordernis — das stete Abschleifen und Trocknen — bleibt dagegen dieselbe. Es mag noch erwähnt werden, dass natürlich den Propellern je nach Wunsch eine beliebige Farbe gegeben werden kann, ehe das eigentliche Fertigpolieren stattfindet.

35. Haben wir so einen Überblick über die Herstellung von Holzschrauben erhalten, so wollen wir jetzt die fabrikmässige Anfertigung in den Räumen einiger der bekanntesten Werkstätten kennen lernen.

Im Gegensatz zu der sonst üblichen Zusammensetzungsmethode der Schraubenkörper aus fächerförmig übereinander liegenden Schichten, werden die „Eta"-Propeller der Firma Borrmann & Kaerting aus einzelnen Holzschichten parallel zur Fahrtrichtung vereinigt. Dieser Methode liegt die Überlegung zugrunde, die Flügel von Anfang an so zu formen, dass die Resultierende aus Zentrifugalkraft und Schubreaktion in jedem Punkt eine Tangente zum Flügel bildet. Ist dies der Fall, so wird diese Resultierende auch keinerlei Formänderung des Flügels bewirken, die Flügel brauchen nicht unnötig stark profiliert zu werden. Wie aber aus der Fig. 61 ersichtlich, überragen die Flügelspitzen (von der Seite gesehen) die Wurzeln be-

9*

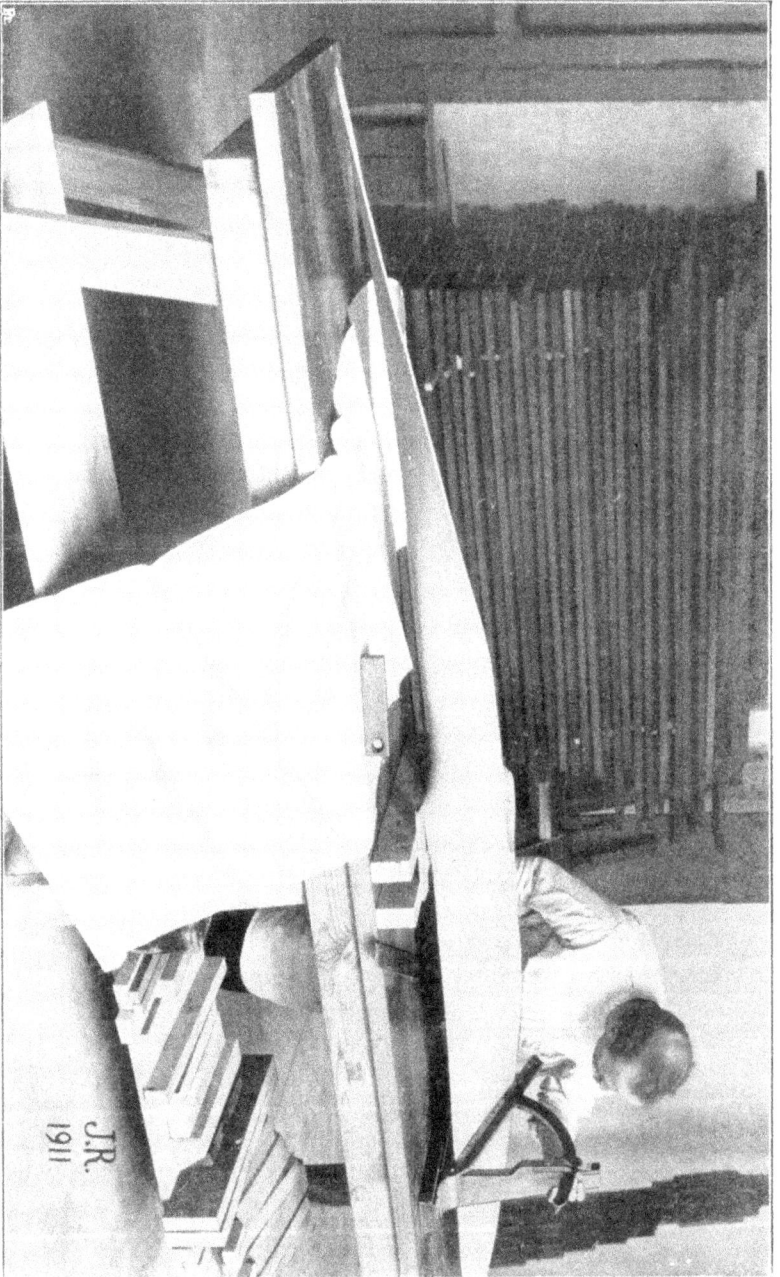

Fig. 61. Borrmann & Kaerting*): Fertiger Eta-Propeller wird auf der Reissplatte nachgeprüft.

*) Sämtliche drei Bilder verdanke ich der freundlichen Erlaubnis der Firma und des Herrn Rozendaal.

trächtlich und bei der üblichen Ausführung des Aufeinander-
schichtens in der Druckrichtung würden diese Flügelspitzen aus
Holzzwickeln bestehen, die ausser der Verleimung keinerlei
Zusammenhang mehr mit der Nabe, infolgedessen auch keine
grosse Festigkeit hätten. Um dies zu verhüten, lassen Borrmann
& Kaerting sämtliche Lamellen, und zwar in einer Zusammensetzung parallel zur Fahrtrichtung (siehe Fig. 62), von einem
Flügelende bis zum anderen durchlaufen, wobei allerdings die
Nabenbohrung den mittleren Teil durchschneidet. Aus diesem
Grunde wird diese Bohrung auch tunlichst klein ausgeführt;
die Mitnahme der Propellers erfolgt durch eine Reihe kleiner,
durchgehender Schrauben, welche die Nabe mit der Festscheibe
der Propellerwelle verbinden.

Grundsätzlich hat sich durch diese Konstruktion natürlich
nichts am Herstellungsgang der Schrauben geändert; so finden
wir denn auch hier erst eine Anzahl grosser Bandsägen, welche
die beiderseits behobelten Hölzer jetzt nach den Schablonen
aussägen. Sind so die einzelnen Längslamellen fertiggestellt, so
werden sie auf Schablonenblöcken genau an die Kurvenspanten
angepasst. Nun erfolgt ein sorgfältiges Verleimen und zwar
wird das nächste Langholz erst dann angefügt, wenn man sich
davon überzeugt hat, dass der Leim des vorhergehenden völlig
gebunden hat und erhärtet ist. Das Zusammenspannen geschieht,
wie vorhin erwähnt, mittelst grosser Schraubzwingen. Der so
verleimte Holzkörper wird jetzt erst mit Stecheisen und Holz-
hammer roh bearbeitet, bis die grössten Unebenheiten entfernt
sind; hierauf treten die Hobel in Funktion und endlich beenden
Schaber und Schleifmittel die Arbeit. Es erübrigt sich zu sagen,
dass der Fortgang der einzelnen Arbeiten stets nach den vor-
handenen Profilschablonen kontrolliert wird, bis zum Schluss
auf der Richtplatte noch eine eingehende Nachprüfung stattfindet. Wie aus der Figur ersichtlich, sind die vorgearbeiteten
Stellen für die Schablonen nicht nach dem jeweiligen Kreisbogen
gekrümmt, auch die Gärungslehre ist geradlinig. Unsere Profil-
zeichnungen, die wir in Fig. 57/59 erhalten haben, sind in diesem
Fall nicht ohne weiteres verwendbar, vielmehr muss das Profil
etwas verzerrt werden, weil es jetzt einen geradlinigen Flügel-

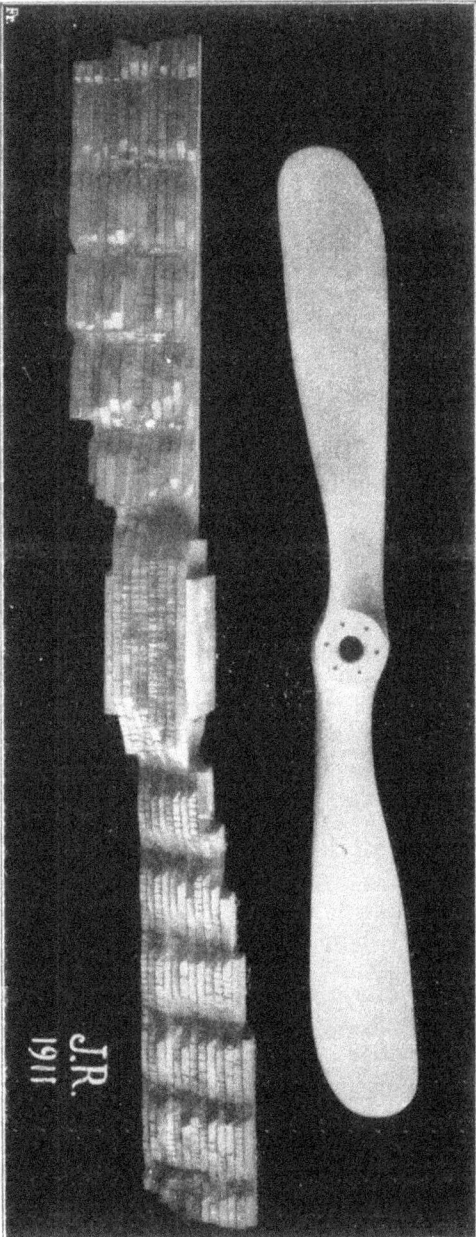

Fig. 62.

Bormann & Kaeting. Druckseite eines fertigen und eines roh verleimten Propellers; beachtenswert die Schichtung senkrecht zur Druckseite.

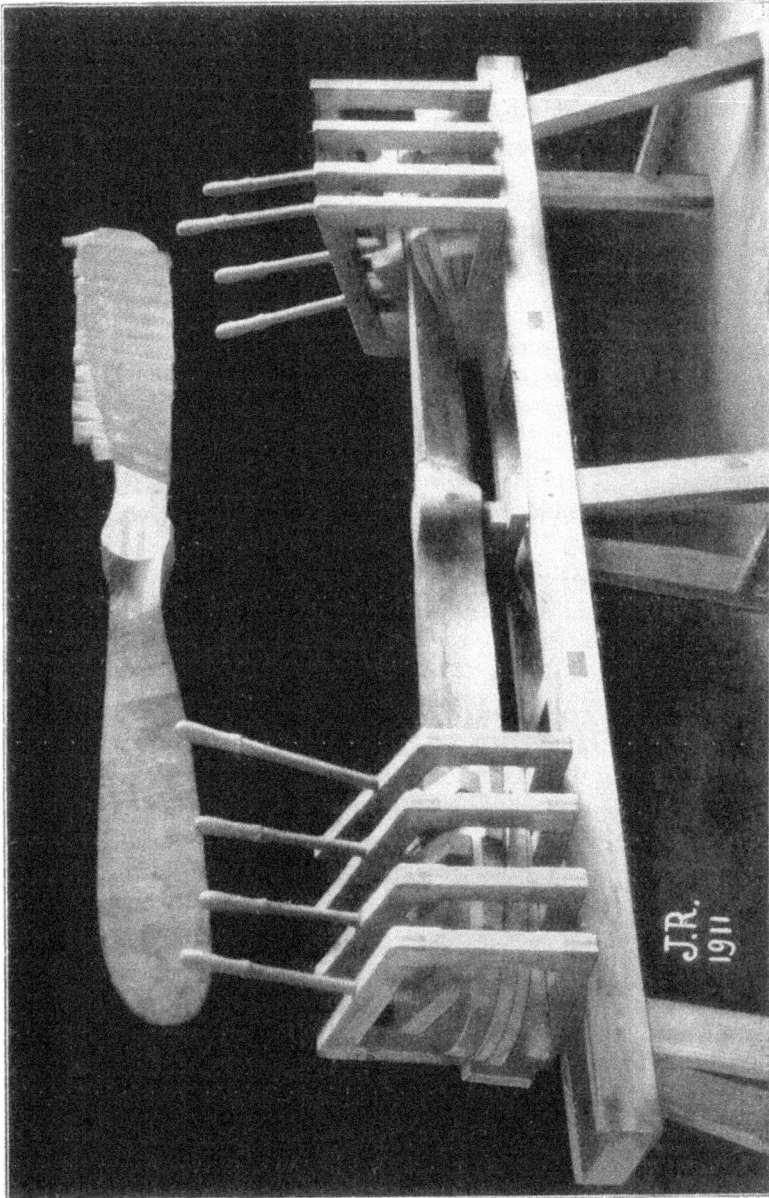

schnitt darstellt. In der Praxis sind aber diese letzteren Schablonen zweckmässiger, weil das ihnen entsptechende Profil mit einem schmalen Hobel sofort aus dem verleimten Holzkörper herausgehobelt werden kann.

Der so kontrollierte Propeller wird jetzt nochmals genau ausbalanziert und erhält dann zur Abdichtung gegen Luft und Feuchtigkeit einen doppelten Fournierüberzug. Die untere Schicht wird quer zum Flügel aufgelegt, die Deckschicht besteht aus einem einzigen, längslaufenden Fournierblatt, das mit bestimmten Schlitzen versehen ist, um sich so genau der Flügelform anpassen zu können. Diese papierdünnen, aber äusserst zähen Fourniere werden mit besonderen Instrumenten auf das Holz aufgerieben, indem der eigens präparierte Leim sich während dieser Arbeit durch die Poren hindurchpressen muss. Sind beide Schichten aufgetragen, so gelangt der Propeller in den Pressraum; hier werden die Flügel zwischen genau passende Zulagen gepresst und mittelst Schraubzwingen fest zusammengezogen; die Zulagen haben eine wärmeisolierende Bekleidung erhalten, damit der Leim zwischen den Fournieren und dem eigentlichen Schraubenkörper nur langsam erhärtet. Dadurch dringt er in alle Poren ein und der Propeller wird zu einem festen Ganzen. Erst nach 3 Tagen befreit man ihn aus diesen Pressen, die Fourniere werden nach den Konturen beschnitten, die Kanten abgerundet und die Schraube nunmehr lackiert. Die letzte Lackschicht (Japan-Glasur-Überzug) wird in einem Ofen bei 70 Grad konstanter Temperatur getrocknet, was wiederum 3 Tage in Anspruch nimmt. Eine so hergestellte Schraube ist in ihrem Inneren völlig gegen Luft und Temperatur abgeschlossen, ist daher auch gegen alle Einflüsse unempfindlich, besitzt eine ausserordentliche Widerstandsfähigkeit gegen Stösse und hat doch die elastischen, federnden Eigenschaften des Holzes beibehalten.

Wohl die älteste Spezialfabrik für Luftschrauben ist die Firma L. Chauvière, Paris; sie besitzt daher auch ganz vorzügliche Einrichtungen zur Herstellung ihrer „Integrale"-Propeller. Nach vielen umfangreichen Vorversuchen mit Holz- und Metallschrauben vornehmlich über das Verhalten der verschiedenen Schrauben bei Motorstössen (Anwerfen etc.) ging die Firma ausschliesslich auf den Bau von Holzschrauben über. Das Anlassen der Flugmotoren (selbst in gedrosseltem Zustand) ist sehr brutal; besitzt nun die Schraube nicht genügend Biegsamkeit, so wird sie die Stösse unvermindert der Motorwelle zurückgeben und diese müsste wesentlich stärker dimensioniert werden, wobei sich ausserdem noch eine starke Abnutzung der Lager ergibt; ist die Schraube dagegen so weich, dass sie ihre ursprüngliche Form nicht sofort wieder annimmt, so wird sie nicht die nötige Fahrgeschwindigkeit erzeugen. Der Propeller muss in den

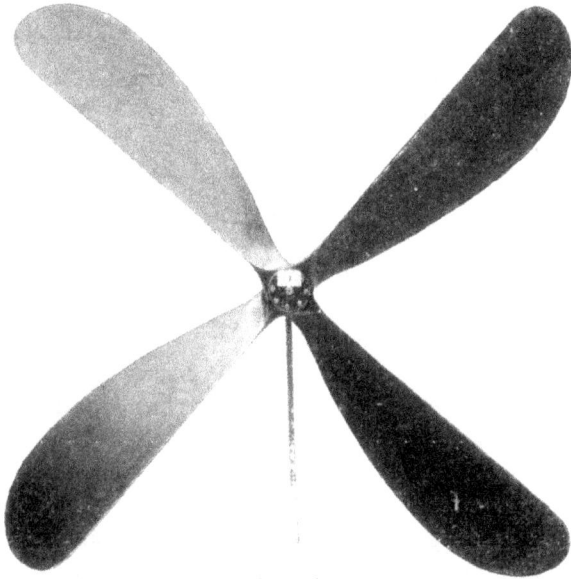

Fig. 63.
Vierflügeliger C h a u v i é r e - Propeller*).

meisten Fällen das Schwungrad ersetzen, d. h. alle Motorstösse teilen sich ihm ungeschwächt und unausgeglichen mit. Würde nun der Propeller aus einem gleichmässig dichten und völlig homogenen Material bestehen, so würden Vibrationen bis zum bekannten Flattern eintreten. Daher wird bei der Integrale-Schraube darauf Wert gelegt, dass abwechselnd harte und weiche Holzschichten einander folgen, um so gewissermassen eine natürliche Dämpfung zu erreichen. Beim fächerförmigen Aufeinander-

*) Von der Firma J. Springer freundlichst geliehen.

leimen werden die Lamellen so aufeinandergelegt, dass die Holz-
fasern entgegengesetzt laufen. Wenn nun auch das Holzgewicht
der einzelnen Lamellen nicht gleichmässig über die ganze Länge
verteilt ist, wird durch dieses patentierte Verfahren doch erreicht,
dass die beiden Flügel annähernd gleiches Gewicht haben.
Nachdem dann die Lamellen mit einem besonders präparierten,
witterungsbeständigen Leim gebunden sind, werden sie (jetzt
im ganzen!) auf der Bandsäge genau nach der Zeichnung ausgesägt, was natürlich nur mit grosser Vorsicht ausgeführt werden
kann. Dann folgt das genaue Ausarbeiten des Umrisses, dessen
definitive Form von der Firma so berechnet ist, dass der Angriffspunkt des Schubes stets auf der Trägheitsachse zu liegen
kommt, so dass keine unregelmässigen Deformationen zu befürchten sind.

Zum Ausbalanzieren dient eine besondere Maschine (Fig. 65),
welche aus 2 parallelen senkrecht liegenden Rädern besteht, die
wieder in Kugellagern laufen und auf welche sich das Wellenstück mit der Schraube legt, so dass diese frei um ihre Achse
rotieren kann. Wie mir die Firma freundlichst mitteilt, gelingt
es mit dieser Maschine mühelos, selbst Bruchteile eines Gramms
Übergewichts nachzuweisen; grosse Ungenauigkeiten sind schon
durch die Herstellungsweise nicht vorhanden, so dass es sich
hier lediglich um ein geringes Nachschaben handelt, durch
welches die Form in keiner Weise verändert wird. Der nunmehr fertige Propeller wird noch mit einer undurchdringlichen
Lackschicht überzogen, mehrfach abgeschliffen und erhält endlich eine steinhart werdende Schlusspolitur. Auf besonderen
Wunsch werden auch die Flügelspitzen mit Leinwand überzogen,
um so den auftretenden Zentrifugalkräften grösseren Widerstand
entgegenstellen zu können. Um über das Verhalten ihrer
Schrauben im Betriebe genau orientiert zu sein, besitzt die
Firma einen Prüfwagen ähnlich dem auf Seite 87 beschriebenen,
der aber auf einem Automobil montiert ist. (Fig. 38.)

Für eine der führenden Fabriken auf dem Gebiete des
Schiffsschraubenbaues, wie die Firma T h e o d o r Z e i s e - Altona-
Ottensen, lag es nahe, sich schon frühzeitig dem Bau von Luft-
Propellern zuzuwenden und zunächst — Metallpropeller — her-

zustellen. Es muss denn auch rückhaltlos anerkannt werden, dass diese wirklich ausserordentlich leicht und widerstandsfähig. dabei aber mit recht hohem Wirkungsgrad gebaut wurden, wie sich z. B. aus den Ergebnissen der Frankfurter Wettbewerbe

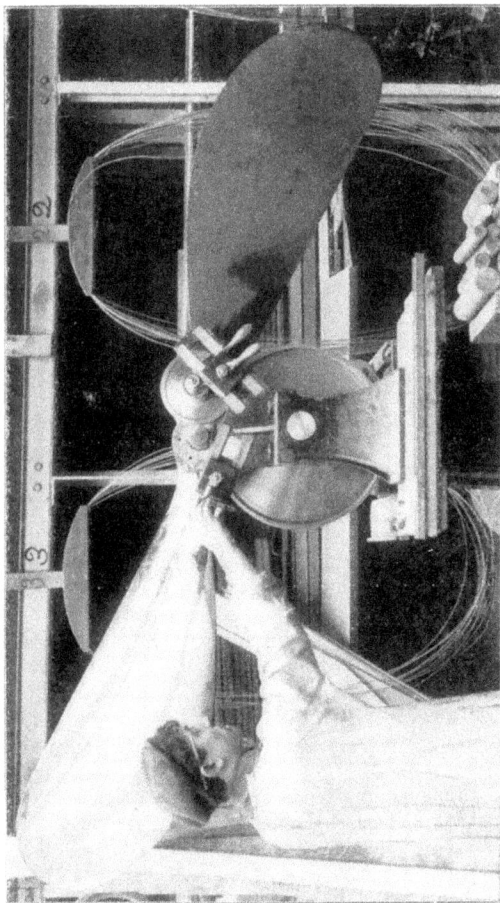

Fig. 65.

Vorrichtung zum Luftschrauben-Ausbalanzieren.
(Chauvière.)

folgern lässt. Auch die Seite 95 abgebildeten Konstruktionen lassen manches interessante Detail bemerken. Allmählich ist die Firma aber doch zum Holzschraubenbau übergegangen aus den gleichen Gründen wie wir sie vorhin kurz skizziert haben.

Genau wie im Schiffbau werden die Propeller für jeden einzelnen Zweck unter genauer Berücksichtigung der Besonder-
heiten entworfen und ausgeführt, so dass die Abbildungen, die
sonst alles erkennen lassen, eben nur für e i n e n Fall gelten.
(Fig. 66—69.)

Fig. 66.

Theodor Zeise-Ottensen; Werdegang einer Schraube von 4,25 m ϕ.

A = Propeller ungeleimt (einzelne Lamellen).
B = Während der Leimung mit Schraubzwingen.
C = Fertig geleimt.
D = Fertig bearbeitet.

Ni = 160 PS, n = 600, Gewicht = 28 kg.

Fig. 67. Zeise-Propeller in Ausarbeitung.

Ein paar wichtige Zahlen seien noch kurz tabellarisch zusammengestellt.

Durchmesser	PS.	n/Min.	G kg
1350	18	1500	2
2000	36	1200	6,2
2100	16 24	1200	4,7
2200	25	800 – 1200	5,6
2300	50	1250	7,2
2500	50	1200	8,0
2600	70	1050 1200	9,5
2650	55	1200 1250	9,0
2700	25	600 – 700	8,5
3100	45	600	11
4000	72	700	23
4250	80	600	28

Zur Vornahme der Belastungsprüfung ist von der Firma ein besonderer Prüfstand gebaut. den wir in Fig. 29 wiedergegeben haben. Hier werden die einzelnen Schrauben längere Zeit einer gewissen Überlastung ausgesetzt, dann genau nachgesehen und

Fig. 69.
Zeise-Holzschraube. 4.25 m ⌀
n = 600   720
Gewicht 26,7 kg

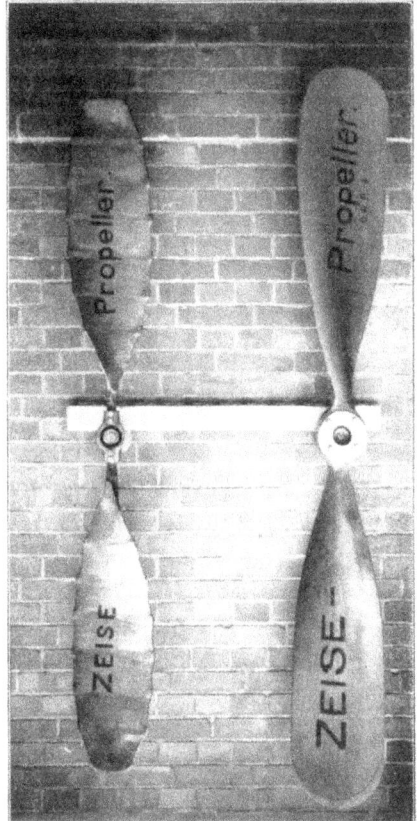

Fig. 68.
links: Stahlpropeller: 1.8 m ⌀, beiderseits bespannt.
rechts: Holzschraube: 2 m ⌀ ebenfalls
bespannt, mit Aluminiumnabe.

nun erst dem Betrieb übergeben. Diese Einrichtung ist meiner Ansicht nach ausserordentlich wertvoll, weil sie eine Gewähr für die Sicherheit der Konstruktion bietet.

Sehr elegante Formen zeichnen die Propeller von J. G o e d e c k e r Niederwalluf bei Wiesbaden aus, was vor allen Dingen durch die verhältnismässig geringe Blattbreite hervorgerufen wird. Als Material gelangt Kauri pine und amerikanisches Nussbaumholz

Fig. 70.
Luftschraube v. J. Goedecker,
Niederwalluf b. Wiesbaden.

Fig. 71.
Luftschraube von Faeiber & Co., Hamburg.

zur Verwendung; ersteres ist etwa $20^0/_0$ leichter; ein Propeller für 50 PS wiegt bei etwa 2,5 m Durchmesser 6 bis 7 kg. (Fig. 70.)

Die Luftschrauben „Präzision" von F a e r b e r & Co.. Hamburg, welche in nachfolgenden Grössen gebaut werden,

PS.	30	30—100	
Durchmesser	2—2,4	2,4—2,6	m
Gewicht	7—8	8—9	kg

zeigen eine eigenartige Profilierung, die aber doch wohl ganz zweckmässig sein dürfte. Wie die Fig. 71 ergibt, liegt die grösste Stärke des Flügelblattes ganz in der Nähe der eintretenden Kante, während nach hinten eine gute Zuschärfung eintritt. Ganz besondere Sorgfalt wird darauf verwendet, dass die Flügel auch in einer Ebene senkrecht zur Achse stehen; deshalb wird die Nabe auf eine grosse Reissplatte gespannt und nun die Winkelhöhen der einzelnen Profile für sämtliche Flügel gleichzeitig angerissen.

Fig. 72. Jerzykowski-Propeller.

Die „Buteno"-Schrauben der Firma Pega & Emich-Frankfurt a. Main erhalten auf der ganzen Druckseite einen Leinwandüberzug, um so einen grösseren Schutz gegen Risse zu gewähren. Im übrigen ist die Zusammensetzung der einzelnen Lamellen, welche den Schraubenkörper ergeben, ähnlich den vorher beschriebenen.

Die nach dem Patent Jerzykowsi-Nürnberg angefertigten Propeller (Fig. 72) zeigen einige Abweichungen gegen die anderen Holzschrauben, so dass näheres Eingehen geboten erscheint. Um zu vermeiden, dass die Längsfaser wegen der verschränkten und gewölbten Flügelform mehrfach in ihrer Auslaufrichtung unterbrochen wird, kommt hier ein Holzplattenpack, aus mehreren kreuz und quer aufeinander liegenden, verleimten und gespaltenen Fournierblättern bestehend, zwischen geheizte Matrizenhälften, die ihn dann zusammenpressen. Auf dieses schon vorgeformte Bündel wird nun eine Nussbaumplatte genau aufgepasst, ebenfalls heiss damit zusammengepresst und das Ganze durch eingesetzte, verleimte Holzdübel gesichert. Die Propeller machen einen guten, soliden Eindruck, es bleibt aber abzuwarten, ob die durch heisse Pressung hergestellte Form genügende Widerstandsfähigkeit gegen äussere Einflüsse, besonders im Dauerbetrieb, besitzt.

Fig. 73.
Die einzelnen Lamellen des fertig verleimten Holzkörpers werden nach ihren genauen Umrissen ausgesägt. Anlage von O. Trinks.

Ein Hauptmerkmal der „Trinks"-Propeller (O. Trinks, Berlin SW.) ist der nach hinten ausgeschweifte Flügel, der den Zweck hat, die nach aussen abgleitende Luft zu fassen und nach hinten zu werfen. Auch ist die Flügeldecke vorn abgestutzt, um so den Druckmittelpunkt mehr nach der Mitte zu verlegen. Die Firma geht von dem sehr richtigen Grundsatz aus, keinen zu grossen Wert auf die Ergebnisse der stationären Versuche zu legen, weil sie durch Erprobungen den Nachweis geführt haben will, dass bei derartigen Standversuchen die Flügel sich etwas verdrehen; dadurch stellt sich natürlich eine geringere Steigung

Tabelle über „Trinks"-Propeller.

Geschwindigkeit des Flugzeuges in Mtr. p. Sek.	Leistung des Motors in PS.	Durchmesser der Schraube in Metern. — Touren per Minute.														
		3,00 m		2,75 m		2,5 m		2,25 m		2,00 m		1,75 m		1,5 m	
		500	1000	500	1000	600	1200	600	1200	600	1200	750	1500	900	1800
12,5	18	252	220	212	204	212	167	185	151	160	132	142	120	119	96
17,5	18	260	224	230	208	216	173	195	156	170	141	149	122	125	100
15	24	263	226	235	210	220	181	203	171	181	154	160	131	135	106
20	24	270	230	245	214	228	188	210	175	190	163	165	134	140	109
17,5	35	273	234	256	218	237	191	220	185	200	171	175	145	—	113
20	35	275	236	258	220	240	195	223	186	205	175	178	146	—	115
20	50	281	242	265	226	250	206	235	199	219	190	—	156	—	121

Preise in Mark

ein und der Schub am Fixpunkt fällt höher aus, als ihrer Steigung sonst zukommt. Auf Grund umfangreicher Versuche sind dann jene Flügelumrisse entstanden, die wir aus obigem und den Figuren kennen gelernt haben.

Dieser flüchtige Überblick über die fabrikmässige Herstellung von Propellern macht natürlich keinen Anspruch auf Vollständigkeit. Es gibt so sehr viele neue Luftschraubenfabriken, dass es sehr wohl möglich ist, dass in der einen oder anderen sich vielleicht ein noch zweckmässigeres Verfahren ausgebildet hat, das hier dann leider nicht miterwähnt wurde.

36. Metallschrauben. Während Holzschrauben wohl in beträchtlicher Anzahl von kleineren Werkstellen und einzelnen Modelltischlern angefertigt werden, kommt dies bei der Konstruktion von Metallschrauben kaum vor, was vor allen Dingen darin seinen Grund hat, dass ihre Herstellung in weit höherem Masse die Benutzung von Maschinen verlangt. In der Regel wird es sich um gestielte Propeller handeln, bei denen also in die

Nabe irgendwelche Arme eingeschraubt werden, an welche
dann die Flügelblätter angenietet sind. Die Flügelblätter werden aus einem möglichst leichten Metall (Aluminium) getrieben
oder mittelst grosser Pressen in die entsprechende Form [ge-
drückt und dann durch eine solide Nietung vieler kleiner Niete
mit den an diesen Stellen entsprechend breit auslaufenden Armen
verbunden. Das alles sind aber Manipulationen, die (wenn auch
in kleiner Werkstätte durchführbar) doch derartig hohe Kosten

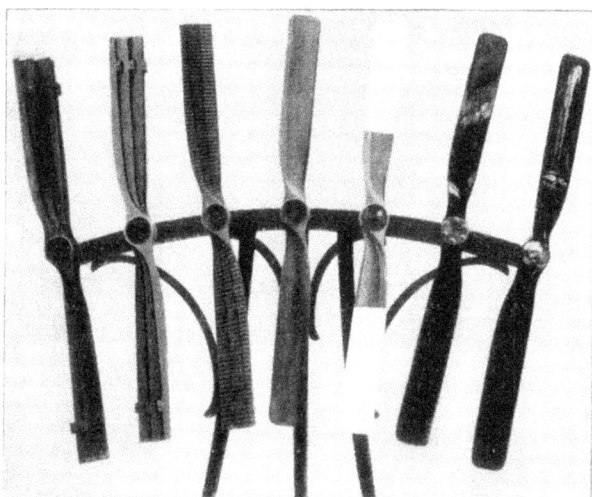

Fig. 74.
Nach Drzewiecki-Methode angefertigte Ratmanof-Schraube in
verschiedenen Herstellungs-Stadien.

erfordern, dass sie für Einzelanfertigung kaum in Frage kommen.
Das Treiben von Hand ist natürlich für die verwendeten Metalle
durchaus möglich, ob aber eine genügende Genauigkeit erreicht
wird, die eine genaue dynamische Ausbalanzierung gewährleistet,
das erscheint sehr zweifelhaft. Mir selbst haben zwar bei der
vorerwähnten Prüfung eine Reihe Metallschrauben vorgelegen,
die in ihrer Herstellung durchaus als gelungen zu bezeichnen
waren, aber hier lagen die Verhältnisse auch anders; es
galt einen Wettbewerb zu bestreiten, bei welchem die hohen

Preise lockten, die eventuell die Unkosten wieder einbringen
konnten.

Es möge hier gleich noch auf ein Herstellungsverfahren hingewiesen werden, das besonders kleinere Fabriken wegen seiner
einfachen Handhabung immer wieder auch für diesen Fabrikations-
zweig verlockt: nämlich die autogene Schweissung. Ich
habe mit allen Verbindungen an Luftschrauben, die mittelst
autogener Schweissung hergestellt waren, recht schlechte Erfahrungen gemacht und kann vor ihrer Anwendung nicht dringend
genug warnen. Den beim Betrieb durch die Kraftschwankungen

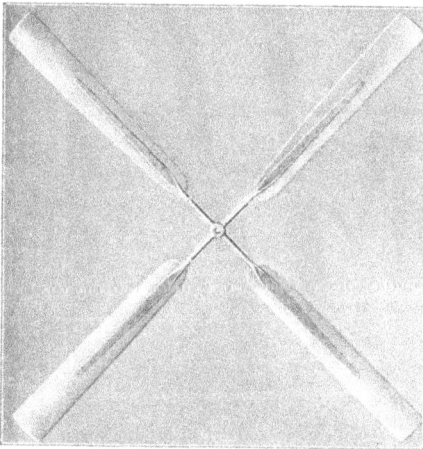

Fig. 75.
Zeppelin-Schraube 1 Saugseite.

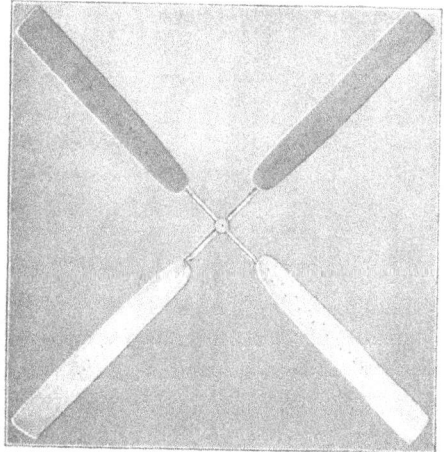

Fig. 76.
Zeppelin-Schraube I Druckseite.

des Motors und die Turbulenz des Windes auftretenden Schwankungen, besonders aber den ruckweisen, manchmal erheblichen
Beanspruchungen, z. B. durch die Kreiselwirkung, ist das Schweissen
in keiner Weise gewachsen, zumal die angrenzenden Teile des
Materials scheinbar stets in Mitleidenschaft gezogen werden.

37. Dass sich bei genügender Beachtung der in Frage kommenden Punkte recht wohl sehr zweckmässige Metallkonstruktionen
herstellen lassen, das zeigt schon die Luftschraube von Prof.
Reissner, Fig. 42, die einen ausserordentlich hohen Wirkungsgrad ergab. Als weitere gute Metallpropeller seien die 3 Schrauben

des Luftschiffbaues Zeppelin gezeigt, die nach den Entwürfen der Herren Ober-Ing. Dürr, Dipl.-Ing. Frh. v. Soden und Marine-Baumstr. Pietzker in den eigenen Werkstellen zu Friedrichshafen angefertigt und später vom Verfasser auf dem Prüfwagen eingehend erprobt wurden, wobei der vierflügelige

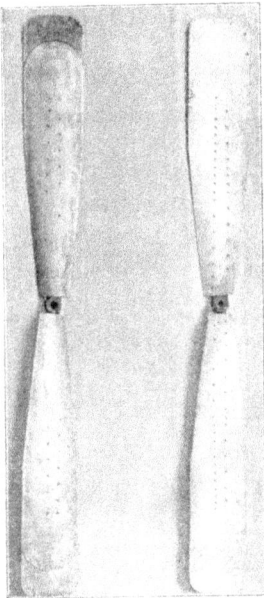

Fig. 77.

Zeppelin-Schraube II Druck- und Saugseite.

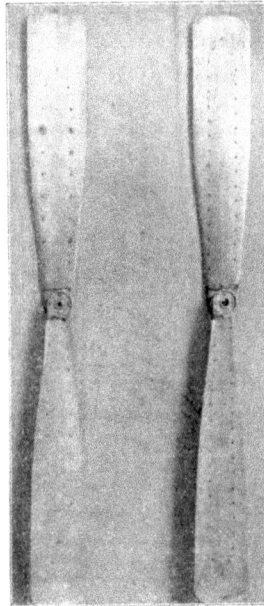

Fig. 78.

Zeppelin-Schraube III Druck- und Saugseite.

Propeller einen Wirkungsgrad von 78 % ergab, während die zweiflügeligen, erheblich einfacher hergestellten immer noch über 64 % Wirkungsgrad lieferten. Fig. 75—78.

Die wissenswerten Konstruktionsdaten der Schrauben sind folgende:

Propeller	I.	II.	III.
Durchmesser in m	4,5	3,5	4,—
Steigung in m	4,—	von innen nach 0,97—1,25 aussen zunehmend	1,83
Flügelzahl	4	2	2
Flügelbreite in m/m	300	377	400
Gewicht in kg	80	26	36,5

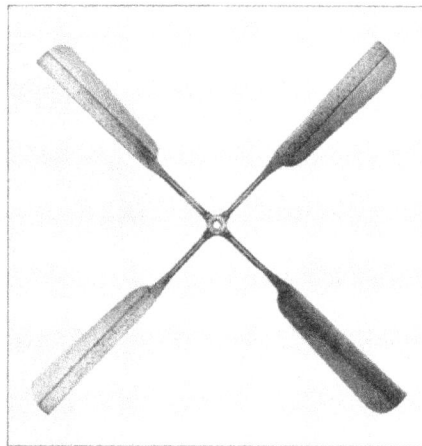

Fig. 79.
Siemens-Schuckert-Propeller.

Die Propeller zeigen zwei grundsätzlich verschiedene Aus-
führungen; der vierflügelige gestielte besteht aus dem mittleren
Schmiedestück der Nabe mit den vier Armen, welche in Rohre
auslaufen, die weiterhin breit ausgeschmiedet sind; alles solide
Feuerschmiede-Arbeit. An die Arme sind dann nur an die
Druckseite die Flügelblätter aus Aluminium angenietet, so dass
der Stiel auf der Saugseite des Profiles liegt, was noch ver-
besserungsfähig ist. Die Verbindung geschieht durch Kupfer-
oder besser Aluminium-Niete. Der zweite Propeller ist in ähnlicher Weise angefertigt, nur dass die Flügelblätter bis unmittel-

bar an die Nabe herangehen. Ausserdem ist hier die Saugseite, soweit der Stiel in das Blatt hineinreicht, mit einem
Rückenblech verkleidet, wodurch die Luftführung an der Saugseite natürlich eine weit bessere wird. Besonders originell ist
die Konstruktion des dritten Propellers, die von den bisherigen
durchaus abweicht: hier ist Druck- und Saugseite der Schraube
durch die Wände eines Rohres gebildet, das durch Pressen einfach in das betreffende Profil hineingedrückt ist; die Flügelbreite ist annähernd konstant gehalten und lediglich in der
Nabengegend wegen der grösseren Profilstärke etwas verringert:

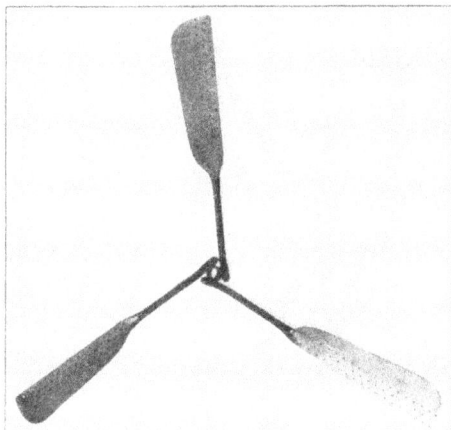

Fig. 80.
Siemens-Schuckert-Propeller.

die Verbindung der Blätter mit den Stielen ist sonst die gleiche
geblieben. Ich möchte besonders die letzte Konstruktion als
durchaus nachahmungswert bezeichnen, da sie (falls die nötigen
Pressen vorhanden sind), am einfachsten vorgenommen werden
kann und sowohl in aerodynamischer Beziehung als auch, was
Festigkeit anbelangt, die beste ist.

Als Flügelblätter kommen in der Regel Aluminium oder
ähnliche Bleche in Frage, es genügt daher meist (wenn nicht
Serienherstellung beabsichtigt) die zum Pressen erforderlichen
Matrizen aus Zement herzustellen, was den grossen Vorzug der

Billigkeit und Einfachheit hat. Die Form wird über ähnlich
erhaltenen Lehren aufgebaut, wie wir sie vorhin bei der Herstellung der Holzschrauben kennen gelernt haben und besitzt
nach dem Erkalten genügende Festigkeit gegenüber den leichten
Blechen.

Drei weitere von den Siemens-Schuckert-Werken
gebaute und auf ihrem fahrbaren Versuchsstand geprüfte Metallschrauben zeigen die Abbildungen 79—81. Sie ergaben bei
den Erprobungen ebenfalls
Wirkungsgrade von etwa
70%. Bei diesen Ausfüh-
rungen ist durchweg das
Flügelblatt nur als Druckfläche ausgebildet und der
breitgeschlagene Stiel an
der Saugseite aufgenietet;
ich möchte bei ihnen vor
allen Dingen auf die
Nabenkonstruktion hin-
weisen. Entweder wird
die Nabe als Ring aus-
geführt und die Arme
radial in denselben eingeschraubt, natürlich unter
Verwendung irgend einer
Sicherungsvorrichtung,
oder aber die Arme wer-
den tangential an die Nabe

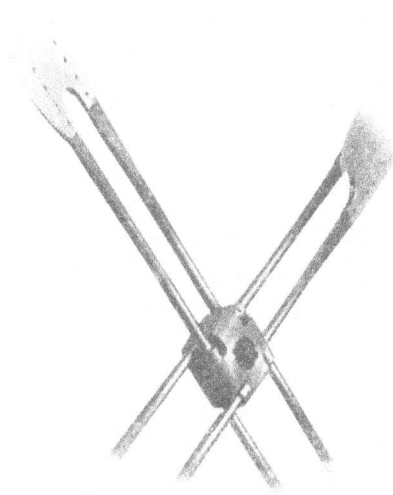

Fig. 81.
Nabenkonstruktion einer Siemens-Schuckert-
Schraube.

angelenkt und sitzen dann in besonderen Nocken der Nabe, die
als Buchsen ausgebildet sind; die Befestigung erfolgt dann mittelst
Bund und Mutter. Endlich liegt noch eine Konstruktion vor, welche
die beiden vorigen in gewisser Beziehung zusammenfasst. Die Flügelblätter werden nicht in der Mitte des Profils, sondern an beiden
Ecken mit einem Stiel vernietet und beide Stiele gehen bis
zur Nabe durch und zwar vom letzten Berührungspunkt mit
dem Blatt (also vom Radius r_1 an) geradlinig, so dass sie die
Nabe nicht senkrecht sondern schräg zur Welle kreuzen, in

welcher Lage sie denn auch mit ihr verbunden werden, wodurch
sich eine sehr solide Befestigung ergibt.

Weil bei den höheren Gewichten bei Metallschrauben die
Fliehkräfte ebenfalls höhere Werte annehmen, ist eine Sicherung
der Flügel und ihrer Einzelteile gegen Auseinanderreissen mit
grösster Sorgfalt vorzunehmen: sie eignen sich ihrer ganzen
Herstellung nach auch mehr für die Aufnahme grosser Kräfte,

Fig. 82.
Fahnenpropeller des Luftschiffes nach Prof. von Parseval.

kommen daher erst bei Luftschiffen mit ihren mehreren hundert
Kilogramm Schub in Frage, während selbst die grossen Trans-
port-Kraftdrachen noch gut mit Holzschrauben ausgerüstet werden können.

38. Zum Schluss sind noch einige andere Ausführungsformen
von Luftschrauben kurz zu streifen, die wir allerdings in den
vorigen Abschnitten schon flüchtig kennen gelernt haben. Zu-

nächst die Rahmenschrauben, die aus einem leichten
Gestell aus Holz oder Stahlrohr bestehen, das dann mit einem
besonders geeigneten Stoff überzogen wird; einer ihrer Haupt-
vertreter ist der Ruthenberg-Propeller (Fig. 35 u. 43), der sich
sehr gut bewährt hat. Da jedoch zu seiner Festigkeit die äussere
Felge unbedingt nötig ist, so nimmt er stets einen recht grossen
Platz ein, was seinem Bahntransport z. B. beim Nachschub sehr
hinderlich ist. Etwas anders ist die Konstruktion Zeise, die
bei beiderseitig überspannten Flügeln sicher einen ausgezeichneten
und vor allen Dingen sehr sicheren Propeller darstellt. Ich
habe einen derartigen Zeisepropeller gesehen, der infolge eines
Unglücksfalles völlig verbogen war, ohne dass jedoch ein schwerer
Teil abgeflogen wäre; ein einfaches Nachrichten des Stieles und
Neubeziehen setzte ihn wieder völlig in den Stand.

Dann sind noch zu erwähnen die Fahnenpropeller nach der
Erfindung von Prof. Major von Parseval. Diese bestehen aus
schlappen Flügeln, die einerseits an der entsprechend kon-
struierten Nabe befestigt sind und welche durch innenliegende
Beschwerungen sich im Betriebe durch die Fliehkraft in die
rechte Lage einstellen und die Schubkraft hervorbringen. Sie
haben den Nachteil, dass sie eine recht ungenaue Oberfläche
ergeben und dadurch wohl keinen hohen Wirkungsgrad besitzen.
In neuerer Zeit ist man daher zu den halbstarren Propellern
übergegangen, die zwar nicht völlig schlapp in der Ruhe in
sich zusammensinken, deren Festigkeit jedoch eine derart geringe
ist, dass erst durch Hinzukommen der recht erheblichen Fliehkraft das Erzeugen des Schubes möglich wird. Vom weiteren
Ausbau dieser Bestrebungen könnte ich mir schon etwas recht
Gutes versprechen, da sich hier die genügende Leichtigkeit mit
einem guten Effekt verbinden lässt; allerdings (und das ist der
Nachteil) kann man nicht wie bei einer starren Schraube mit
fest definierbaren Formen im voraus zutreffende Angaben über
Schub und Wirkungsgrad machen, weil man die Einstellung der
Flügel nicht mit genügender Sicherheit bestimmen kann; hat
man aber eine fahrbare Prüfeinrichtung, auf der sich genau
alles bestimmen lässt, so dürfte diese halbstarre Konstruktion
— etwa nur aus entsprechend geformten und zugeschnittenen

Aluminiumblechen bestehend — entschiedene Vorzüge aufweisen.

In gewisser Beziehung sind hier auch die Schrauben mit gelenkig angebrachten Flügeln zu erwähnen, die in neuerer Zeit, besonders in Frankreich, immer mit einem gewissen Pomp angekündigt werden. Sie haben unstreitig den grossen Vorzug, bei der später zu erörternden Kreiselwirkung eine gewisse Nachgiebigkeit zu besitzen, die vor zu hohen Beanspruchungen schützt; dafür bringen sie aber die grosse Gefahr einer Lösung des Gelenkes mit seinen unübersehbaren Folgen mit sich, sodass ihre Vorteile m. E. zu teuer erkauft werden.

VIII. Anwendung der Luftschrauben.

Luftschrauben können Verwendung finden als Tragschrauben und als Treibschrauben.

39. Über die erstere Verwendungsart liegen praktische Versuche so gut wie gar nicht vor, obgleich die vielen experimentellen Erprobungen von Wellner, Renard, Bendemann, Klingenberg und Riabouchinsky keineswegs so ungünstig verlaufen sind, dass an die Möglichkeit der Verwendung von Hubschrauben nicht gedacht werden könnte. Sofern es sich darum handelt, die ganze Tragwirkung für ein bemanntes Fahrzeug durch Hubschrauben zu erzwingen, werden die Schwierigkeiten hauptsächlich in konstruktiver Beziehung bestehen, — nämlich die genügende Tragfläche mit dem zur Verfügung stehenden Gewicht zu erlangen; hier hat der Vorschlag von Wellner grösste Bedeutung, der die ganze Tragfläche als Schraube ausbildet und die Rotation dann nicht von der Mittelachse aus erzwingt, sondern durch besondere kleine tangential zur Peripherie sitzende Treibschrauben. Eine Versteifung wäre noch dadurch möglich, dass sich die Tragschraubenfläche mit kleinen Führungsrollen gegen einen festen Kreisring stützt, welch letzterer erst die Last trägt, so dass die rotierenden Massen klein gehalten werden können. Diese Versuche sind jedoch alle noch nicht in die Praxis umgesetzt; anders steht es jedoch mit kleineren Anwendungen der Hubschrauben: so wurde das Modell des durch

Hertz'sche Wellen gesteuerten Fernlenkschiffes mittelst Hubschrauben in senkrechter Richtung bewegt und ein sehr origineller
Vorschlag will die Hubschrauben mit geeignetem Antrieb durch
Pedale und Kettenräder vom Korb des Freiballons aus dazu
benutzen, um Bewegungen ohne Gasauslass und Ballastwurf in
vertikaler Richtung zu erzwingen.

Für den Entwurf von Hubschrauben sind genau die gleichen
Überlegungen anzustellen, wie wir sie unter II—VI kennen gelernt
haben, wobei jedoch wegen der geringen Vorwärts- (also Auf-
stiegs-) Geschwindigkeit der Tragschrauben $v = 0$ zu setzen ist.
Bei den von Prandtl aufgestellten Formeln ist in diesem Fall
nicht der Wirkungsgrad η sondern der Gütegrad der Raumausnutzung ζ massgebend.

40. Als Treibschrauben finden Luft-Propeller Verwendung
für Fahrzeuge auf dem Lande oder Wasser und in der Luft. Bei
ersteren beiden ist man vielleicht noch zu sehr an die alte Regel gewöhnt, bei einem an der Grenze zweier Medien sich bewegenden
Fahrzeug stets das dichtere Medium als Angriffspunkt für die
Einleitung dieser Bewegung zu benutzen; es herrscht auch gegen
die bei Luftfahrzeugen verwendeten Zug- oder Druckschrauben
eine gewisse Voreingenommenheit, man sieht in ihnen nur Nach-
ahmungen der bewährten Wasserschrauben, denen über kurz
oder lang eine bessere Einrichtung den Garaus macht. Und
doch bestehen diese Anschauungen sehr zu Unrecht. Gerade die
letzten Erfahrungen mit Luftpropellern haben gezeigt, dass diese,
absolut genommen, den Wasserschrauben zum mindesten gleich-
wertig sind. Diese Erkenntnis hatte sich schon vor einigen
Jahren der österreichische Ingenieur Wels zunutze gemacht,
indem er einen Motorschlitten mit Luftschrauben antrieb; mit
24 PS liessen sich bei 1400 Propellertouren und 1800 Durchmesser mit einem viersitzigen Schlitten 60—70 Stundenkilometer
erreichen.

Die Anwendung der Luftpropeller für Motorschlitten be-
währte sich nun so gut, dass diese vielfach an Stelle der Eis-
segelyachten traten und heute schon eine kleine Industrie sich
mit ihrer Herstellung beschäftigt; namentlich die kleinen Rodel-
schlitten werden viel mit solchem Antrieb versehen, um sie auch

in ebenem Gelände verwenden zu können. Jedenfalls ist ein
derartiger Antrieb für Schlitten der bei weitem beste, denn alle
anderen Antriebsmittel durch Schnecken, die sich in den Schnee
einschneiden, oder eine Art Schaufelrad oder dergl. versagen
bei vereistem oder schneefreiem Terrain sofort und bilden so
eine Gefahr für die Insassen. Andererseits muss zugegeben
werden, dass der Luftschraubenantrieb auf der belebten Land-
strasse, solange nicht durch eine Einkapselung der Schraube
eine Sicherung herbeigeführt ist, eine grosse Gefahr in sich
birgt. Aber bisher ist es der Technik noch stets gelungen,
wirklich nützliche Errungenschaften auch trotz ihrer Gefahren
durchzusetzen bzw. sie derartig auszubilden, dass die Gefahr
bedeutend herabgemindert wird; also ist auch über den Luftschraubenantrieb der Schlitten noch sicher nicht das letzte
Wort gesprochen worden.

Weit günstiger liegen die Verhältnisse aber für den Schnell-
verkehr auf dem Wasser: Bei Verwendung von Luftschrauben
ist nun die Konstruktion eines Gleitbootes verhältnismässig einfach, da es lediglich nach schiffbaulichen Grundsätzen entworfen
werden kann. Statt der bei Wasserschrauben notwendigen Tiefe
von mindestens 40—50 cm kann das Boot jetzt ganz flach
gehen und doch sehr leistungsfähig sein. Die Gewichtsverteilung
ergibt sich durch das hinten liegende Getriebe, Motor, Propeller etc. von selbst; das Vorschiff wird in gewünschter Weise
entlastet. Die jetzt so gefürchteten Havarien der Schrauben,
auch das sogenannte Verkrauten hören ohne weiteres auf. Aber
die Annäherung zwischen Schiffahrt und Luftschiffahrt geht noch
einen Schritt weiter, indem man die in der Flugtecknik gebräuchlichen Gleitflächen zu verwenden sucht. So folgte dem „bateau
glisseur" das „bateau hydroplane". In erster Linie liegen hier
die Arbeiten von Forlanini sowie Thomson und Crocco-
Ricaldoni vor, die sehr viele brauchbare Aufschlüsse über
diesen neuen Bootstyp geben. In einer Besprechung dieser
Arbeiten in „La Technique Aéronautique" weist Capitaine
Saconney auf die experimentellen Erfahrungen über den Auftrieb hin, der bei einer nur mit der unteren Fläche auf dem
Wasser aufliegenden Platte (z. B. Gleitboot) ungefähr nur ein

Viertel des auf eine ganz eingetauchte Platte wirkenden Auf-
triebes ist (hervorgerufen durch das Ausnützen der Saugwir-
kung); es hat sich ferner gezeigt, dass die Tragkraft einer mit
1 m/sec fortbewegten Platte 25 kg/qm beträgt, so dass man
allgemein sagen kann

$$f = \frac{40}{v^2}$$

wobei f die für 1 t Belastung nötige Oberfläche, v die Geschwindigkeit in Sekundenmetern ist. Mit wachsender Geschwindigkeit vermindert sich die notwendige Tragfläche also bedeutend.
Dies ist nun von den vorgenannten Ingenieuren zu ganz eigen-
artigen Wasserfahrzeugen ausgebaut worden, die sich noch mehr
den Prinzipien der Flugtechnik nähern. Forlanini verbindet
mit einem vorn und hinten spitz zulaufenden Bootskörper zu
beiden Seiten des Vorschiffs etwa auf ¼ Bootslänge ein System
von treppenförmig über einander liegenden Gleitflächen, deren
Grösse sich nach unten vermindert; am Heck befindet sich eine
ähnliche Anordnung im kleineren Masstab. Der Antrieb geschieht durch zwei vorn und hinten auf gleicher Achse sitzende
Luftpropeller. Dieser Konstruktion haftet der Nachteil an, dass
die Gleitflächen-Systeme mit ihren notwendigen Verbindungs-
stangen (wodurch ein Rost entsteht) einen erheblichen Widerstand hervorrufen, was natürlich dem Erreichen einer grossen
Geschwindigkeit im Wege steht. Dies suchten die italienischen
Kapitäne Crocco und Ricaldoni unter Benutzung der Arbeiten von Thompson zu vermeiden, indem sie dem Verkleinern
der Gleitflächen, hervorgerufen durch das Herausheben des
Bootes bei wachsender Geschwindigkeit, nicht durch besondere
nach unten kleiner werdende Flächen Rechnung trugen, sondern
durch Anordnung derselben in sehr flacher „V"-Form das Verringern von selbst erfolgen liessen. So sitzt vorn eine vollständige V-Fläche, während achtern zu beiden Seiten je eine
in der Schräge desselben V-Schenkels angebracht ist.

Dieses auf einer Werft in Varazzo gebaute Hydroplan-Boot
hat nun den vollen Nachweis seiner Gebrauchsfähigkeit er-
bracht, was um so wichtiger ist, als es auch bei weitem das

grösste Boot ist. Der wie gewöhnlich geformte Bootskörper hat
8 m Länge und verdrängt in ruhiger Lage 1500 kg Wasser;
die kurzen, breiten Stahl-Gleitflächen sind durch ein kräftiges
Gestänge von Stahl und Aluminium mit dem Rumpf verbunden.
Ein 100 PS Clement-Bayard-Motor treibt mittelst einfachen
Getriebes zwei langsam laufende gegenläufige Luftschrauben,
die sich ausgezeichnet bewährt haben. Schon bei 10 Stunden-
kilometern beginnt das schwere Boot sich langsam zu heben,
bei 25 km liegt es nur achtern noch ganz leise auf, bei 70 km
schwebt der eigentliche Bootskörper schon 45 cm über Wasser,
so dass einfache Wellen schon unter dem Kiel durch schlagen.
Ein nach diesem Prinzip gebautes Boot hat dem gewöhnlichen
Gleitboot viele brauchbare Eigenschaften voraus: der Rumpf
kann ohne Rücksicht auf die zu erreichende Geschwindigkeit
sehr fest konstruiert werden, weil er ja bei schneller Fahrt gar
nicht im Wasser ist, bei unruhiger See bietet dies den weiteren
Vorteil, dass der Hydroplan sich durch Geschwindigkeitsver-
minderung auf diesen kräftigen Rumpf niederlässt und so auch
selbst schweres Wetter gut übersteht. Die Geschwindigkeit
lässt sich nach den Erfahrungen mit den bisherigen Booten noch
ganz erheblich steigern, so dass ein Schnellschiff mit der drei-
fachen jetzt üblichen Schnelligkeit mit einiger Sicherheit zu
erwarten ist. Besonders die Luftschrauben werden ihr Teil
dazu beitragen, diesen neuen Schiffstyp praktisch verwendbar
zu machen, je mehr ihre Vervollkommnung fortschreitet. Allerdings wird man selbst mit dem zweckmässigsten Bau e i n e n
Übelstand nicht ganz aufheben können: nämlich ihre Abhängigkeit von den jeweiligen Windverhältnissen. Gegen- und Rücken-
wind von nur 5—6 m/sec Stärke, mit der häufig gerechnet
werden muss, können die Leistungen wesentlich steigern oder
aber auch ganz zunichte machen, indem die Relativgeschwindigkeit der Propeller nicht hinreicht, absolut die kritische Geschwindigkeit über Wasser herzugeben; schon ein mässiger
Seitenwind kann eine ähnliche Schwierigkeit hervorrufen. Trotzdem muss mit allen Kräften der weitere Ausbau des für den
Verkehr unbedingt notwendigen Schnellbootes gefördert werden,
so dass mit unseren wirklich guten Luftschrauben-Konstruktionen

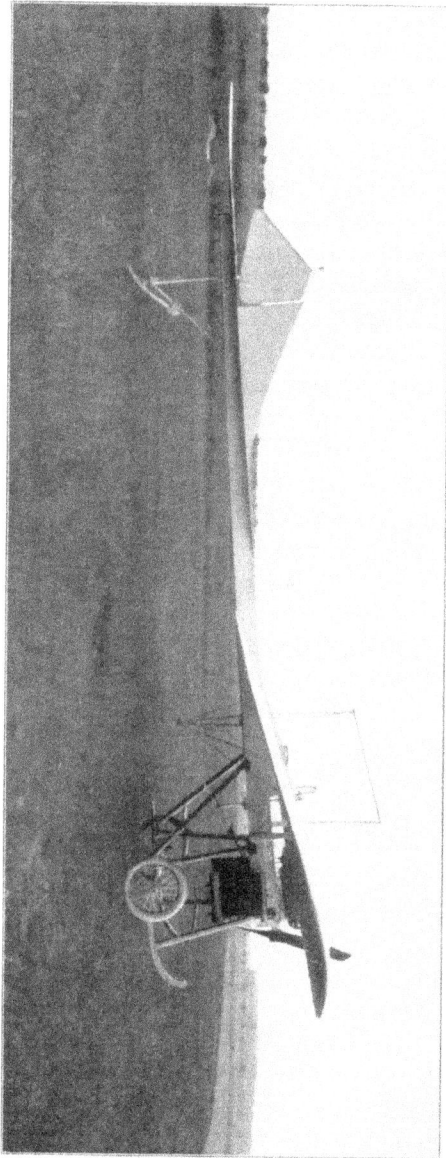

Fig. 83. Typische Propeller-Anordnung beim Eindecker.

wenigstens für Binnenwässer in Bälde ein brauchbares schnelles Wasserfahrzeug geschaffen wird.

41. Bei Luftfahrzeugen kommen Propeller sowohl für Lenkballone als auch für Kraftdrachen zur Verwendung. Da es sich bei ersteren in der Regel um grössere Kräfte handelt und man andererseits die Möglichkeit einer Bewachung und Beobachtung während der Fahrt hat, so sucht man hier einen grossen Nutzeffekt durch langsam laufende Schrauben mit grossen Durchmessern zu erreichen. Der Antrieb geschieht meist durch Kegelradübersetzung oder durch Übertragung mittels Stahlband oder durch Kettenantrieb, die stets das Abschalten einer Gruppe gestatten.

Selbst bei Hinzurechnung der Verluste durch diese Übertragung und bei Berücksichtigung des Mehrgewichtes ist der Vorteil der langsam laufenden Schrauben doch ein ganz erheblicher. Die Lagerung der Schrauben erfolgt zweckmässig so, dass die Reaktion des von ihnen erzeugten Schubes sich

Fig. 84.
Typische Propelleranordnung beim Zweidecker.

möglichst geradlinig auf den Ballonkörper überträgt, bei Gerüstschiffen also am Gerüst selbst, sonst an der Gondel, aber in tunlichster Nähe des Tragkörpers, wenn nicht die Parseval-sche Takelung gewählt wird, welche den Angriff der Vortriebskraft ungefähr in die Widerstandsachse verlegt. Sitzen die

Propeller sehr nahe der Hülle, so ist hierbei zu beachten, dass
der mit erhöhter Geschwindigkeit die Schraube verlassende
Luftstrom auch andere Reibungsverluste an der Hülle verursacht, was bei der zu erreichenden Geschwindigkeit des Fahr-

Fig. 85.
Rotationsmotor mit Propeller;
völlig frei.

Fig. 86.
Rotationsmotor mit Propeller;
Motor eingekapselt.

zeugs zu berücksichtigen ist. Bei hintereinander angeordneten
Schrauben ist ferner die Beeinflussung derselben durch einander
zu beachten, eventuell ist die Entfernung genügend gross zu
bemessen.

Bei Flugzeugen sind z w e i Anordnungen zu unterscheiden: Während bei Luftschiffen in den weitaus meisten Fällen nur noch D r u c k propeller verwendet werden, findet man bei Flugzeugen sowohl vorn angeordnete, also s a u g e n d e Propeller, als

Fig. 87.
Propeller und stehender Motor; Befestigung des Propellers durch mehrere dünne Schrauben auf der Welle.

auch d r ü c k e n d e. hinten sitzende Schrauben. Bei Eindeckern mit ihren geschlossenen Rumpfkonstruktionen ist der gegebene Platz für die Unterbringung des Motors vorn vor dem Flieger bzw. vor dem Passagier. Wird dann der Propeller mit dem

11*

Motor gekuppelt, so ergibt sich ohne weiteres der Saugpropeller.
Die Anordnung hat den Nachteil des ziemlich beeinträchtigten
und gestörten Luftabflusses hinter der Schraube, während bei
Kopflandungen (die doch sehr häufig sind) der Propeller leicht
verletzt wird. Es wird daher auch bei vielen Eindeckern schon
der Versuch gemacht, die Schraube nach achtern zu bringen
was jedoch vorläufig noch an der Schwierigkeit der Wellenleitung
scheitert.

Fig. 88.
Dreiflügeliger Saugpropeller an einem zusammenlegbaren Doppeldecker.

Das Eine möge hier gleich betont werden: wo immer
auch der Propeller angeordnet werden möge, stets ist darauf zu
achten, dass bei einem etwaigen Abfliegen von Teilen des Propellers (und damit muss ein vorsichtiger Konstrukteur bei einem
derart hoch beanspruchten Maschinenteil immer rechnen) niemals Teile der Steuerung getroffen und verletzt werden können,
die ein sicheres Niedergehen im Gleitflug nicht mehr zulassen.
Und dadurch sind die gegebenen Plätze für den Propeller ent-

weder ganz vorn oder ganz hinten, nicht aber in der Mitte, festgelegt.

Letztere Konstruktion ist aber gerade bei Zweideckern sehr beliebt; der Motor wird häufig hinter dem Piloten bzw. Passagier angeordnet und der direkt gekuppelte Propeller sitzt nun hinter den Tragdecks, aber mitten im zum Schwanz führenden Gestell. Es liegt nun sehr nahe, dass ein abfliegender Teil entweder das Gestell selbst oder aber ein Steuerseil trifft und dadurch den Flieger in schwere Gefahr bringt.

Auch bei Flugzeugen wird eine Übersetzung der Tourenzahl ins Langsame häufig herbeigeführt; die bekanntesten Aus-

Fig. 89.
Propeller-Antrieb Coanda durch zwei gegenläufige Rotationsmotore.

führungen sind die von Wright durch Ketten auf zwei nebeneinander gelagerte, gegenläufig rotierende Schrauben (die eine Kette ist geschränkt); neuerdings wird dies dadurch etwas abgeändert (Robert Savary), dass nur eine Kette verwendet wird, die, in geeigneter Weise über Rollen und Spannrollen geführt, auch einen gegenläufigen Antrieb gewährleistet. Eine weitere Anordnung ist der Antrieb beim Dorner-Apparat, bei welchem der Motor vorn angeordnet ist, während die Schraube hinter den Tragdecks sitzt. Dass jedoch auch auf diesem Gebiet noch eine Menge Verbesserungen möglich sind, das beweist die Konstruktion von Coanda Fig. 89; bei dessen Eindecker mit vorn angeordneter Schraube geschieht deren Antrieb durch zwei

Gnôme-Rotationsmotoren, deren Achse senkrecht zum Flug,
parallel über den Tragdecks liegt und welche die Schraube
mittelst Kegelräder antreiben; hier wird einmal die lästige
Kreiselwirkung der Gnôme-Motoren aufgehoben und dann bildet
jeder Motor eine Reserve für den anderen. Auch will man

Rumpler-Eindecker mit zwei Schrauben.

häufig zwei auf gleicher Achse hintereinander sitzende Propeller
verwenden; der zweckmässigste Vorschlag ist der von Bucherer,
dessen Motor gleichzeitige Rotation von Kurbelwelle und Zylindern ermöglicht, und zwar läuft die Kurbelwelle im entgegen-
gesetzten Sinne wie die Zylinder, so dass gegenläufige Propeller

verwendet werden können, die natürlich die Kreiselwirkung und jedes freie Drehmoment ganz ausschalten.

Zuweilen ist bei diesen Projekten auch vorgesehen, die Beschleunigung der Luft auf ihre Endgeschwindigkeit in zwei hintereinander sitzenden Propellern so vornehmen zu lassen, dass die Luft mit einer gewissen Geschwindigkeit die erste Schraube verlässt und in der zweiten dann erst auf die nötige Endgeschwindigkeit gebracht wird. In diesem Fall können beide Propeller, da sie ja die gleiche Luftmenge verarbeiten auch von gleichem Durchmesser sein. Sonst wird der weiter hinten sitzende Propeller mit grösserem Durchmesser ausgestattet, um am Umfang noch jungfräuliche Luft zu fassen, während er innerhalb des Durchmessers des vor ihm sitzenden, kleinen Propellers die bereits beschleunigte Luft weiter befördert. Infolgedessen ist die Steigung der grossen Schraube über die Flügellänge nach zwei Gesichtspunkten zu bemessen. Eine derartige Konstruktion tritt uns in der neuen Rumpler Taube mit 200 PS entgegen. Maschinenanlage System Loutzkoy. Der grosse Propeller sitzt unmittelbar vor den Tragdecks und ist mit dem vorn und oben angeordneten Motor fest gekuppelt; der vordere kleine Propeller wird durch Kette vom unteren, weiter hinten sitzenden Motor mit grösserer Tourenzahl aber im gleichen Drehsinn angetrieben; der Effekt der Anordnung soll ein ausserordentlich günstiger sein (bei Drucklegung dieser Schrift liegen erst die Anfangsversuche vor).

Die Abbildungen führen uns eine Reihe Ausführungsformen vor Augen; jedoch ist hier der zielbewussten Erfindungsgabe noch ein weites Betätigungsfeld offen gelassen! —

IX. Kreiselwirkung der Propeller im Luftfahrzeug.

Zu den vielbesprochensten Themen gehören unstreitig in der letzten Fachliteratur die Kreiselwirkungen; sind diese an sich schon die interessantesten Probleme der Mechanik, so rührt ihre Beliebtheit — (wenn ich diesen Ausdruck hier gebrauchen darf) — doch wohl mehr daher, dass sie eine Reihe Erscheinungen zeitigen, die unseren natürlichen, mechanischen Empfinden direkt widerstreiten. So treten denn auch im Flugzeug infolge der schnellen Rotation der Propeller Kreiselwirkungen auf, die einerseits eine Erhöhung der Stabilität bedeuten, teils aber auch von recht unangenehmer Einwirkung auf das Flugzeug sein können. Da der Einfluss dieser Kreiselwirkung bereits in Band 4/5 dieser Sammlung durch Herrn Reg.-Rat Hofmann Seite 190 ff eingehend behandelt ist, kann ich mich hier auf ein zahlenmässig durchgeführtes Rechnungsbeispiel beschränken, das sehr instruktiv wirkt.[1])

Bei einer Drehung des Flugzeuges, gleichgültig, in welchem Sinn und in welcher Achse diese erfolgt, erzeugen die Flügel des Propellers ein Moment, das bei genügend fester Achse die Schraubenflügel an der Nabe abzubrechen bemüht ist. Wird die Drehung des Apparates mit einer Geschwindigkeit von 90° in 10 Sekunden ausgeführt, so ergibt dies eine Winkelgeschwindigkeit von etwa $\psi = 0{,}157$: bei hart ausgeführten Landungen, wie sie durch zu steilen Gleitflug leicht möglich sind, kann ψ auch bis etwa 0,5 anwachsen. Legen wir der Berechnung nun einmal den gebräuchlichen Intégrale-Propeller (Chauvière) oder den „Eta"-Propeller (Borrmann & Kaerting) zugrunde, die bei 2,5 m Durchmesser etwa 8,5 kg wiegen, so haben diese mit grosser Annäherung ein Trägheitsmoment von $J = \dfrac{1}{16} \cdot \dfrac{G}{g} \cdot d = 34$ cmkg sek^2; bei 1200 Minutenumdrehungen ergibt sich eine Winkelgeschwindigkeit $\omega = \dfrac{\pi \cdot n}{30} = 126$ sek^{-1}, so dass als maximales, durch Kreiselwirkung hervorgerufenes Biegungsmoment folgt: $M_{max} = 34 \cdot 126 \cdot 0{,}157 = 675$ cmkg bzw. bei $\psi = 0{,}5$: $M_{max} = 34 \cdot 126 \cdot 0{,}5 = 2140$ cmkg. Vergleichen wir dies mit dem durch die Schubkraft der Schraube bei etwa $P = 100$ kg hervorgerufenen Biegungsmoment, das bei 50 kg pro Flügel und einer Entfernung des Angriffspunktes (Tabelle VII) vom Wellenmittel $= 87{,}5$ cm zu $M' = 50 \cdot 87{,}5 = 4370$ cmkg wird, so entnehmen wir hieraus eine mögliche Erhöhung des

---

[1]) A. Betz, Kreiselwirkungen im Flugzeug. Zeitschr. f. Flugtech. u. Motorluftsch. II. 18, p. 229.

Momentes um 15,5 bis sogar 50%! — Besonders ungünstig
erweist sich noch, dass die Beanspruchungen bei jeder Umdrehung
zwischen dem grössten und kleinsten Wert hin und her spielen.
Nun wird im allgemeinen der in der Berechnung zugrunde
gelegte Sicherheitsgrad besonders bei Berücksichtigung der
innewohnenden Elastizität des Materials ausreichen, um diese
erhöhte Beanspruchung aufzunehmen; ferner ist durch die von
Herrn Borrmann vorgeschlagene Konstruktion (Seite 131), nach
welcher die Resultierende aus Schub und Fliehkraft in jedem
Element in die Schwerpunktslinie des Flügels fallen soll, die
Möglichkeit gegeben, durch Beseitigung des Hauptmomentes die
Widerstandskraft auf die Sicherheit und Dauerhaftigkeit der
Flügel zu verwenden, so dass die Kreiselwirkung und die durch
sie hervorgerufene Zusatzbeanspruchung der Flügel mit hin-
reichender Sicherheit aufgenommen werden kann.

X. Behandlung der Luftschrauben.

Es mag den Leser eigenartig berühren, wenn über die
Behandlung eines so einfachen Maschinenteiles, wie es doch die
Schraube ist, noch besonders etwas gesagt wird, aber einige
kurze Worte mögen mir doch auf Grund meiner Erfahrungen
über diesen Punkt gestattet sein, weil gerade in der Behandlung der
Propeller viel gesündigt wird und weil eine auch für die Luftfahrt notwendige Ökonomie hier in erster Linie einzusetzen hat.

Zunächst erachte ich es als selbstverständlich, dass jeder
in den Verkehr gebrachte Propeller entweder von der liefernden
Firma oder aber vom Benutzer einer eingehenden Schleuderprobe unterworfen wird, die eine Gewähr dafür leistet, dass
die Schraube gefahrlos in Benutzung genommen werden darf.
Diese Schleuderprobe hätte am zweckmässigsten unter staat-
licher Aufsicht stattzufinden, zumal bei genügendem Bedarf die
eigentliche Prüfung wegen des eingearbeiteten Personals in kurzer
Zeit zu erledigen und daher auch billig ist. Denn ein nicht
genügend widerstandsfähiger Propeller bedeutet nicht nur eine
erhebliche Gefahr für den Flieger, sondern kann auch wegen
des Absturzes zu grossen Schädigungen für die Allgemeinheit
führen.

Während nun Metallpropeller nach dieser zufriedenstellend ausgefallenen Probe für längere Zeit in Dienst gestellt werden können, ohne dass eine Änderung ihrer Festigkeitseigenschaften zu befürchten ist, gilt dies nicht im gleichen Masse von den Holzschrauben. Ihr grösster Feind sind die Witterungs- und anderen Einflüsse, welche dem Propeller fortwährend zusetzen, so dass nur eine vom fachmännischen Standpunkt einwandsfrei ausgeführte Absperrung des Holzes nach aussen mittelst Fournieren als allein zweckmässig angesehen werden kann. Aber die Herstellung allein ist noch kein dauernder Schutz; steht das Flugzeug nachts über im kühlen, feuchten Schuppen oder Zelt, während tags darauf die brennend heisse Sonne in den weitgeöffneten Raum geschienen hat, so kann der Propeller am Abend beim Anlassen des Motors nicht „ziehen" oder der Motor kommt nicht auf Touren. Es handelt sich einfach um die Tatsache, dass jeder lackierte Holzgegenstand unter gleichen Verhältnissen sich schief und krumm werfen muss. Weiter lässt man häufig den Motor am Stand, unbeschadet für den Propeller, einer Dauerprobe unterziehen, ohne zu bedenken, dass die ausstrahlende Hitze der siedendheissen Zylinder die Politur der Schraube schnell zerstört und bald bedenkliche Risse in der Holzfaserung und den Leimfugen hervorruft.

Das brühend heisse, herumspritzende Öl eines Rotationsmotors zerstört auch bald jeden Lack oder Politur und verursacht ein Krummziehen der Flügelblätter. Aber es kommt noch etwas anderes hinzu: Beim Rollen über den Boden wirbelt der gewaltige Luftzug neben Staub auch kleine Steinchen, Stückchen Holz und andere feste Körper auf, von denen die Schraube häufig getroffen wird. Dadurch reissen ungenügend, d. h. nur durch Leinwand oder Lackanstrich geschützte Schrauben an den dünnen Blattenden auf, zerfetzen und werden manchmal von herumfliegenden Steinchen an den Enden ganz ausgeschlagen. Da nun ferner der Propeller zum Anwerfen des Motors benutzt wird, so ist auch hierdurch besonders wegen der manchmal recht unzweckmässigen Handhabung eine grosse Beanspruchung desselben hervorgerufen, die manchmal ganz feine Beschädigungen nach sich zieht, die zunächst noch gänzlich belanglos sind, die aber doch durch fortwährende Erweiterung früher oder später einen Bruch herbeiführen.

Daher ist es erste Pflicht des Fliegers oder seines Monteurs, nach jeder Fahrt den Propeller einer eingehenden Besichtigung zu unterziehen, ob irgend welche Risse bemerkbar sind, ob sich irgend etwas gelockert hat und dergl. mehr. Musste ein längerer Flug im Regen unternommen werden, so empfiehlt es sich stets, den Propeller nach der Fahrt abzureiben und mit einem Lappen mit Schellack schnell wieder abzuwischen; auf diese Weise ist es auch leicht möglich zu konstatieren, ob ein kleiner Riss, der vielleicht ganz ungefährlich ist, weiter reisst. In letzterem Fall soll lieber der Propeller ausgewechselt werden, als dass man weitere Flüge mit ihm unternimmt. Stets wird die kleine Geldausgabe für eine neue Schraube das kleinere Übel sein!

Hält man sich so beim Überholen des Flugzeugs, das jetzt wohl vor und nach den Flügen von allen gewissenhaften Fliegern mit grosser Gründlichkeit vorgenommen wird, stets vor Augen, dass vom Propeller unter Umständen das Leben vieler Menschen abhängen kann, so wird man auch die kleine Mühe einer gründlichen Beobachtung obiger Punkte für die Luftschraube nicht scheuen. Eine verlängerte Betriebsfähigkeit derselben macht die Sorgfalt bald bezahlt!

Anhang.

Tabelle VIII.
Festigkeitszahlen für Luftschraubenbaustoffe. [1)]
a) Metalle.

Material	Zerreiss-festig-keit K_z	Propor-tiona-litäts-grenze	Deh-nung	Spezif. Gewicht	Bemerkungen
	kg/mm²	kg/mm²	%,	kg/m³	
Gussstahl					
Bismarckhütte ungehärtet	64—73	39—46	8—16	—	Man kann mit
gehärtet	138—141	bis 125	4,6—6,4	—	einer zulässigen
Gewöhlicher Automobil-					Spannung
stahl					
Krupp, Essen	50	30	28	—	$k_z = \frac{1}{4} K_z$
Nickelstahl					für alle vorkom-
Rhein. Metallwarenfabrik	68	32	48		menden Kon-
Bismarckhütte ungehärtet	50—55	—	24—18	—	struktionen rech-
gehärtet	90—120	—	12—6	—	nen; für Biegung
Chrom-Nickelstahl					ist ebenfalls noch
Bismarckhütte ungehärtet	65—100	ca. 60	12—8	—	
gehärtet	130—200	—	10—3	—	$k_b \sim k_z = \frac{1}{4} K_z$
Krupp, Essen ungehärtet	72—88	ca. 65	22—18	—	
gehärtet	110—163	106—156	13—8	—	zulässig.
Aluminium, rein					
gegossen	10,7	4,5	24.5	2,56	
geschmiedet	12	—	22,4	2,56	
Aluminium-Blech 2 mm hart	16,5	15,9	2,5	2,56	
Aluminium-					
Legierungen					
mit 4 % Cu Blech 8 mm	29,5	27,5	2,5	2.9—3,0	
von Basse u. Selve Altena					Zulässige Span-
gegossen	24	—	—	—	nung
gewalzt	36	—	6	—	
Rohre	bis 33,6	bis 29	bis 6	—	$k_z \sim \frac{1}{5} K_z$
Aluminiumbronce					
geschmiedet	38—65	13—45	50—2,5	8,3—7,2	für Biegung
(je nach Al-Gehalt)					$k_b \sim \frac{1}{6} K_z$
Magnalium, geglüht	30	—	18	2,4—2,6	
Elektronmetall, gegossen	22	—	8	1,8	
verdichtet	32—36	—	13—17	1,8	
Duralumin, Bleche 7 mm	46	30	18	~ 2.8	
4 mm	57	—	4	—	
2 mm	62	60	3	—	
Schmiede- u. Pressstücke	35—40	15—20	15—18	—	

[1)] Nach: Moedebecks Taschenbuch für Luftschiffer und Flugtechniker. Berlin 1911, Verlag M. Krayn.

b) Hölzer.

Holzart	K_z Zerreiss- festigkeit kg/mm²	Spezif. Gewicht kg/m³	Bemerkungen
Bambus	4,6	420	Als zulässige Span-
Amerikanische Weiss-			nungen können genom-
tanne	8,56	583	men werden:
			für Zug $k_z = \frac{1}{6} K_z$
Fichte	9	525	
			für Druck $\infty \frac{1}{12}$ bis $\frac{1}{10} K_z$
Kiefer	10—14	760	
			für Biegung $\infty \frac{1}{8} K_z$
Nussbaum	8 10	525 – 832	
Esche	10,2	880	Die angegebenen Festig- keitszahlen f. Holz sind
Eiche	bis 12	bis 1100	dem Werk v. Maxim „Bal-
Teak-Holz	11—15	700—1030	lons dirigeables" entnom- men. Die Festigkeit der
Mahagoni . . .	8,8 - 15	590 —900	Hölzer ist wesentlich von
Ebenholz . . .	bis 19,6	1395	dem Feuchtigkeitsgehalt abhängig.

Zusammenstellung der wichtigsten Formeln.

Gleichung: Seite

I. Wirkungsgrad $\eta = \dfrac{P \cdot v}{M \cdot \omega} = \dfrac{P \cdot v}{75 \cdot N}$ 18

1. $L = \mu \cdot Q \cdot \dfrac{c^2}{2}$ 26

2. Verhältnis: Rückstoss zur verbrauchten Arbeit
$\dfrac{P}{L} = \dfrac{2}{c}$ 26

3. $R = \delta \cdot v^2 \cdot f \cdot k_R \cdot f(\varepsilon)$ 28

4. Auftrieb; ebene Platte: $= \dfrac{\gamma \cdot v^2}{g} \cdot f \cdot \zeta_{Ae}$ . . . 28

5. Widerstand; ebene Platte: $= \dfrac{\gamma \cdot v^2}{g} \cdot f \cdot \zeta_{We}$ . . . 28

6. Auftrieb; gewölbte Platte: $= \dfrac{\gamma \cdot v^2}{g} \cdot f \cdot \zeta_{Ag}$ . . . 29

7. Widerstand; gewölbte Platte: $= \dfrac{\gamma \cdot v^2}{g} \cdot f \cdot \zeta_{Wg}$ . . 29

8. $R = \dfrac{\gamma \cdot v^2}{g} \cdot f \cdot k_R \cdot \sin \varepsilon$ 29

9. $dQ = k \cdot b \cdot dr \cdot u^2 \cdot \sin \varepsilon$ 29

10. $dP = dQ \cdot \cos \alpha = k \cdot b \cdot dr \cdot u^2 \cdot \sin \varepsilon \cdot \cos \alpha$ . . . 29

11. $dT = k \cdot b \cdot dr \cdot u^2 \cdot \sin \varepsilon \cdot \sin \alpha$ 29

12. $dM = k \cdot r \cdot b \cdot dr \cdot u^2 \cdot \sin \varepsilon \cdot \sin \alpha$ 30

13. $\eta = \dfrac{v}{r \cdot \omega} \cdot \dfrac{1}{tg\,\alpha} = \dfrac{2 \cdot \pi}{h} \cdot \dfrac{v}{\omega}$ 30

13a. $\eta = \dfrac{\operatorname{tg}\beta}{\operatorname{tg}(\beta + \varepsilon)}$ 30

14. $P = k \cdot z \cdot \displaystyle\int_{r_i}^{r} \cdot b \cdot dr \cdot u^2 \cdot \sin \varepsilon \cos \alpha$ 31

15. $M = k \cdot z \cdot \displaystyle\int_{r_1}^{r} \cdot b \cdot dr \cdot u^2 \cdot \sin \varepsilon \cdot \sin \alpha$ 31

16. $\eta = \dfrac{v}{\omega} \cdot \dfrac{\displaystyle\int_{r_1}^{r} b \cdot dr \cdot u^2 \cdot \sin \varepsilon \cdot \cos \alpha}{\displaystyle\int_{r_1}^{r} b \cdot dr \cdot u^2 \cdot \sin \varepsilon \sin \alpha}$ 31

17a. $s_s = 1 - \eta$ 32

17b. $\eta = 1 - s_s$ 32

18. $P = \dfrac{Q}{g}(c - v) = \dfrac{F \cdot \gamma}{g} \cdot c(c - v)$ 32

19. $r_1 > \dfrac{1}{\omega} \cdot \sqrt{\zeta(c^2 - v^2)}$ 32

19a. $c = \dfrac{h \cdot \omega}{2\pi}$ 32

20. $P = A \cdot n^2 - B \cdot n \cdot v$ 33

21. $L = A_1 \cdot n^3 - B_1 \cdot n^2 \cdot v$ 33

22. $\eta = \dfrac{\operatorname{tg}(\beta - \varepsilon) - \mu}{[1 + \mu \cdot \operatorname{tg}(\beta + \varepsilon)] \cdot \operatorname{tg}(\beta - \varepsilon)}$ 34

22a. $\alpha = 45^0 + \dfrac{\varepsilon}{2}$; $\beta = 45^0 - \dfrac{\varepsilon}{2}$ 36

23. $b = C \cdot \dfrac{r \cdot h}{\sqrt{4 \cdot \pi^2 \cdot r^2 + h^2}}$ 38

24. $\dfrac{b}{r - r_1} = \dfrac{1}{6}$ 38

25. $b' = (r - r_1)\zeta \cdot \sqrt{2}$ 38

26. $z = \dfrac{2 \cdot \pi \cdot r_0}{\zeta \sqrt{2(r - r_1)}}$ 39

27. $z = \dfrac{\pi}{\zeta \cdot \sqrt{2}} \cdot \dfrac{1 + \dfrac{r_1}{r}}{1 - \dfrac{r_1}{r}}$ 39

28. $P = G \cdot \mathrm{tg}\,\varepsilon_1 + f \cdot \dfrac{\gamma}{g} \cdot v^2$ 40

29. $P_1 = \dfrac{G^2}{F \cdot \dfrac{\gamma}{g} \cdot v^2 \cdot k}$ 40

30. $P_2 = f \cdot \dfrac{\gamma}{g} \cdot v^2$ 40

31. $P_{min} = 2 \cdot G \cdot \sqrt{\dfrac{f}{F \cdot k}}$ 41

32. $\dfrac{G}{P_{min}} = \dfrac{1}{2} \cdot \sqrt{\dfrac{F \cdot k}{f}}$ 41

33. $P = \dfrac{\gamma}{g} \cdot r^2 \cdot \pi \cdot c_1^2$ 41

34. $P = (a \cdot N \cdot d)^{\frac{2}{3}}$ 42
35. $P = \alpha \cdot m \cdot s \cdot n'^2 \cdot d^4$ 44
36. $L = (\beta \cdot m^2 \cdot s + \beta') \cdot n'^3 \cdot d^5$ 44
37. $r = n' \cdot m \cdot d(1 - s)$ 44
38. $L = n'^3 \cdot d^3 \cdot h^2 \cdot \beta \cdot s$ 44

39. $d = \sqrt[3]{\dfrac{P}{\alpha \cdot s \cdot n'^2 \cdot h}}$ 45

40. $K^4 = \dfrac{\alpha^5}{\beta'^3} \cdot \dfrac{s^5 \cdot \left(1 - s - \dfrac{\beta}{\alpha} \cdot \eta\right)^3}{\eta^3 (1 - s)^8}$ 45

41. $B^2 = \dfrac{\beta'}{\alpha^3} \cdot \eta \cdot \dfrac{(1-s)^4}{s^3 \cdot \left(1 - s - \dfrac{\beta}{\alpha} \cdot \eta\right)}$ 46

42. $m^2 = \dfrac{\beta' \cdot \eta}{\alpha \cdot s \cdot \left(1 - s - \dfrac{\beta}{\alpha} \cdot \eta\right)}$ 46

43. $\mathfrak{M} = \dfrac{r}{\text{tg}\,(\beta + \varepsilon)}$ 49

44. Nutzarbeit $= Q \cdot v \cdot \lfloor \sin(\beta + \varepsilon) - \mu \cdot \cos(\beta + \varepsilon) \rfloor$ . . 49

45. Eingeleitete Arbeit:
    $= Q \cdot v \cdot [\cos(\beta + \varepsilon) + \mu \cdot \sin(\beta + \varepsilon)] \cdot \text{tg}\,(\beta + \varepsilon)$ . . 49

46. $\eta = \dfrac{\text{tg}\,(\beta + \varepsilon) - \mu}{[1 + \mu \cdot \text{tg}\,(\beta + \varepsilon)] \cdot \text{tg}\,(\beta + \varepsilon)}$ 49

47. $\text{tg}\,(\beta + \varepsilon)_{\text{max}} = \mu + \sqrt{\mu^2 + 1}$ 49

48. $\eta_{\text{max}} = \dfrac{1}{[\mu + \sqrt{\mu^2 + 1}]^2}$ 49

49. $\eta_{\text{max}} = \dfrac{1}{\text{tg}^2\,(\beta + \varepsilon)_{\text{max}}}$ 49

50. $d = 10 \cdot \mathfrak{M}$ 50

51. $h = 2 \cdot r \cdot \pi \cdot \dfrac{\mathfrak{M} + r \cdot \text{tg}\,\varepsilon}{r - \mathfrak{M} \cdot \text{tg}\,\varepsilon}$ 50

52. $h_{\text{min}} = 2 \cdot \pi \cdot \mathfrak{M}\,[\text{tg}\,\varepsilon + \sqrt{\text{tg}^2\,\varepsilon + 1}]^2$ 51

53. $r - r_1 = \dfrac{v}{n'} \cdot 0{,}717$ 51

54. $z = 2500 \cdot \dfrac{N \cdot n'^2}{v^5}$ 52

55. $b = 0{,}75\,\mathfrak{M}$ 52

54a. $z = k \cdot \dfrac{N \cdot n'^2}{v^5}$ . . . . , . 53

54b. $z = \dfrac{4\,960\,000}{\alpha^{4,3}} \cdot \dfrac{N \cdot n'^2}{v^5}$ 53

56. $q_t^a = \dfrac{z \cdot d^{4,1} \cdot \pi^{4,1} \cdot n'^{2,1} \cdot v^{0,9}}{N}$ 60

57. $P = z \cdot b \cdot \dfrac{\gamma}{g} \cdot \dfrac{\pi \cdot n}{3600} \cdot \left(r^2 - r_1{}^2 - a^2 \cdot \ln \dfrac{r^2 + a^2}{r_1{}^2 + a^2} \right)$

$\cdot (h \cdot n - 60 \cdot r)$ . . . 62

58. $b_w = \dfrac{b^e}{k}$ 64

62. $z = \sim 2{,}5 \dfrac{r + r_1}{r - r_1}$ 69

64. $L = 0{,}014 \cdot P \cdot R \cdot n$ 113

64a. $L = 0{,}007 \, (Q_e - Q_r) \cdot R \cdot n$ 114

65a. $M_P = (\varrho_0' - r') \cdot \dfrac{P}{2}$ 119

65b. $M_D = 716{,}200 \cdot \dfrac{N}{n}$ 119

66. $d = \dfrac{4}{35} \cdot b \cdot \delta^2$ 119

67. $c = \dfrac{8}{105} \cdot b \cdot \delta^2$ 119

68. Widerstandsmoment $= \dfrac{1}{15} \cdot b^2 \cdot \delta$ 119

69. $M_g = \sqrt{\left[(0{,}6\,r - r') \dfrac{P}{z} \right]^2 \left[716 \cdot \dfrac{N}{z \cdot n} \cdot \dfrac{0{.}6 \cdot r - r'}{0{,}6 \cdot r} \right]^2}$ kgm 120

70. $\mathrm{Zug_{max}} = 9 \cdot \dfrac{M_g}{b \cdot \delta^2}$ 120

71. $\mathrm{Druck_{max}} = 13 \cdot \dfrac{M_g}{b \cdot \delta^2}$ 120

72. Zugspannung aus der Fliehkraft $= \dfrac{C}{\frac{2}{3} \cdot b \cdot \delta}$ . . . 120

73. $d_1 = \sqrt[3]{\dfrac{32 \cdot M_i}{\pi \cdot k_b}}$ 121

Alphabetisches Namen- und Sachverzeichnis.

Aufmessmethode 71.
Ausbalanzieren 139.

Bendemann 81.
Beschleunigung 1.
Bewegungsarbeit 2.
Borrmann & Kaerting 131.
Breguet 25.
Brigata Spezialisti; Prüfstand 81.

Chauvière-Propeller 136.
— Prüfwagen 90.
Clement de St. Mareg 25.
Coanda 165.

Dorand 86.
Druckfläche 15.
Drzewiecki 25, 34, 38, 60.
Duchemin 29.

Eberhardt 38.
Eiffel 60.
Einfache Prüfeinrichtung 111.
Erzeugungslinie 13.
Eta-Propeller 131.

Faerber & Co. 143.
Ferber 62.
Festigkeitsberechnung 116.
— (Pröll) 120.
Finsterwalder 26.
Fliegendes Laboratorium 91.
Flügelbreite 13.

Flügelentfernung 66.
Flügelschlag 4.
Föppl 28, 35, 41, 50, 63.
Froude 22, 25, 38.

Geometrisch ähnliche Schrauben 110.
Gleitboot 157.
Godard 91.
Goedecker 143.
Graphische Rechentafeln 53.
Gross 92.
Gussform, Herstellung der 16.

Jerzykowski 144.
Integrale-Schraube 136.

Kante, Ein- und austretende 13.
Kavitation, Hohlraumbildung 20.
Kirchhoff 29.
Knoller 36.
Kompatibilitätsgleichung 52.
Konsistenz des Unterstützungskörpers 3.

Lackieren 131.
Lanchester 25, 35, 37, 38, 74.
Langley 82.
Legrand 91.
Lilienthal 63.
Lorenz 38.

Massenwiderstand 3.
Motorschlitten 156.

Nabe 11.

d'Ocagne 54.
Ortsfester Prüfstand 78.

Parseval 154.
Poelke 92.
Polieren 130.
Prandtl 84, 86, 91.
Pröll 39.

Rankine 22, 24, 38.
Ratmanof 147.
Rayleigh 29.
Redtenbacher 22.
Reissner 25, 38, 49, 50, 92.
Renard 25.
Riabouchinsky 38.
— Prüfstand 81.
Rückenfläche 15.
Rumpler 166.
Ruthenberg 94.

Schablonen 127.
Schlüpfung, scheinbare 19.
Schraubenflügel 11.
— -Propeller 7.
— -Strahltheorie 32.
Schweissung autogene 148.
Siemens-Schuckert-Werke 85, 152.
Sogfläche 15.

Spannkloben 127.
Steigung 8.
— und Tourenzahl 37.
Steigungsdreieck 13.
Steigungswinkel 8.
Stirnfläche, Grösse derselben beim Flugzeug 40.
Strahlungsdruck, Strahlpropeller 5.

Tayler 22, 49.
Teddigton 84.
Trägheitswiderstand 1.
Trinks 145.

Verleimen 129.
Versuchsanstalt der Motorluftschiff-Studiengesellschaft 84.
Verzögerung 1.
Vickers Sons & Maxim 83.
Vorstrom 19, 20.

Wellner 115.
Wettbewerb des Kgl. Preuss. Kriegsministeriums 98.
— der Ila 100.
Wirksame Flügelfläche 13.
Wirkungsgrad-Kurve 31.
Wright 93.

Zeise 80, 96, 138.
Zentrifugalkraft 115.
Zeppelin-Luftschiffbau 149.

Verlag von FRANZ BENJAMIN AUFFARTH
in Frankfurt a. M.

Soeben erschien:

Denkschrift

über den Ersten deutschen Zuverlässigkeitsflug am ∴ Oberrhein 1911. ∴

Veranstaltet von der

Südwestgruppe des Deutschen Luftfahrer-Verbandes.

Mit Abbildungen im Text und einer Karte in Farbendruck.

Preis Mk. 4.—.

INHALT.

Vorgeschichte und Personalien.
Verlauf des Fluges und die Teilnehmer.
Die Ausschreibung und die gemachten Erfahrungen.
Die Organisation.
Lokal-Ausschüsse.